可爱的动物们

树脂动物模型笔记

刘劲含 著

中国环境出版集团 · 北京

图书在版编目（CIP）数据

可爱的动物们：树脂动物模型笔记/刘劲含著．—北京：中国环境出版集团，2022.12

ISBN 978-7-5111-5373-9

Ⅰ.①可… Ⅱ.①刘… Ⅲ.①树脂基复合材料—模型—制作 Ⅳ.①TB333.2

中国版本图书馆CIP数据核字(2022)第243120号

出 版 人 武德凯
责任编辑 田 怡
装帧设计 光大印艺

出版发行 中国环境出版集团
（100062 北京市东城区广渠门内大街16号）
网　　址：http://www.cesp.com.cn
电子邮箱：bjgl@cesp.com.cn
联系电话：010-67112765（编辑管理部）
010-67175507（第六分社）
发行热线：010-67125803，010-67113405（传真）

印　　刷 玖龙（天津）印刷有限公司
经　　销 各地新华书店
版　　次 2022年12月第1版
印　　次 2022年12月第1次印刷
开　　本 787×1092　1/16
印　　张 9.5
字　　数 214千字
定　　价 68.00元

目 录

材料粗谈 1

在手工制作之前，应提前了解材料的相关特性、使用方法，这会让后续的工作进行得更顺利。

本篇将分享我们手工制作使用过的材料和相关工具，当然这只是根据我自己目前的偏好选择了一些具有代表性的产品。实际上，材料和工具也是在不断更新的，向着更便捷的方向发展。在选择材料时，我认为适合即最好。

本书注重记录的是以树脂材质为主体的手工品制作过程。所以这里原材料介绍内容也偏向于泥稿原型、树脂复制及着色所涉及的材料。

至于本书中出现的材料品牌，我不为其做代言推广，但目前看来，其中一些确实具有独特甚至独有的优点，这是值得肯定的。

（1）关于塑形材料

制作一件立体的手工作品，关键是需要寻找一种适合它的塑形材料。除本书中记录的动物题材外，作者还时常涉猎人像、植物、静物等题材，因此作者并不认为某一种塑形材料可以被称为“绝对万能”材料。塑形中最“万用”的是眼睛、大脑和手指，材料只是针对某一阶段、某一题材的合理选择。

在自学的初期学习者可能会更关心怎样更好地完成一件作品（哪些可以直接着色保存、哪些必须复制成其他材料），所以作者将个人经常使用的一些塑形材料用固化的方式来分类，以供参考。

自然风干型材料

这可能是我们最早接触的塑形材料，从广义上讲，泥土、面团甚至浸湿的纸张或木屑，这些原始材料都应被包括在这一类型中。

- 这类材料含有水分，当水分自然蒸发后，便会硬化，如超轻黏土、树脂黏土、石粉黏土、纸黏土、木塑土、面包土等，也包括传统的木节土、陶土等。
- 大多数风干型黏土在干燥后可以直接上色完成制作，这类黏土在使用过程中需要密封保存，对成品保存条件的要求也较高。
- 虽然本书没有展现这类黏土的具体使用方法，但其中一些并非不能进行少量复制。例如，传统水性雕塑泥可在表面湿润时搭配石膏制作模具。超轻黏土、树脂黏土、石粉黏土等都可在干燥后用硅胶制作模具。
- 作者通常会选择使用半透明树脂黏土和超轻黏土制作花卉题材作品，或添加在其他场景中作为配景，因为这种质感很难用白色树脂黏土来呈现。

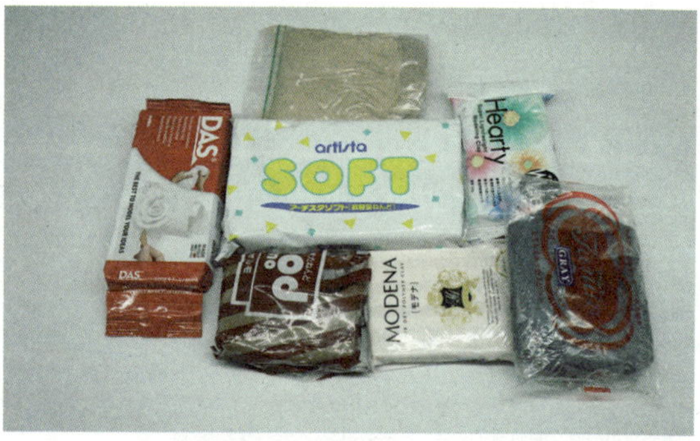

荷花、荷叶及花梗为树脂黏土制作，藕和泥土为超轻黏土制作。

油泥类材料

- 雕塑泥料。这类泥料通常含有油脂和蜡，即使长时间暴露在空气中也不会风干。
- 可以反复使用，大部分油泥料具有遇热软化、遇冷变硬的特性。
- 质地较细腻，适合于长期作业及精雕。
- 制作较大体积的原型时，借助油泥可反复使用这一优点可使制作成本大大降低。
- 油泥料通常不会用来直接上色，需要翻制成其他材质后才可着色。

使用油泥制作的动物模型。

烘烤型材料

- 如果已经准备好了一台专用烤箱，使用这类黏土将会变得非常方便。
- 彩色软陶：可以直接混色，甚至还会呈现半透明、金属等特殊质感。经过烘烤后硬化成型，可以直接作为完成品。
- 便于精雕的烘烤黏土：通常也是高分子聚合性黏土，其质地细腻，更容易进行精致雕塑。在烘烤定型后可以进一步打磨、雕刻或者叠加黏土再次烘烤。硬化后可以直接作为完成品，也可以借助模具，复制成其他材料。这些黏土通常含有特殊油脂但也会随时间缓慢挥发，所以也需尽量密封保存。

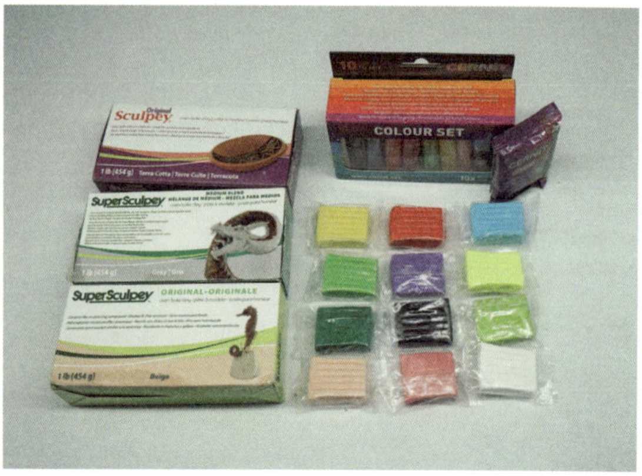

使用彩色软陶制作的微型水果。

使用超级黏土（Super Sculpey）制作的动物头像。

双组分混合型材料

- 这类材料的特点是由两份材料组成，使用时需要按比例充分混合。
- 具有较好的粘黏效果，硬化后质地较坚硬，常作为填补、修复材料或者固定骨架。作者经常用这类材料制作一些小型零件，或用于改造作品。硬化后如同石料般坚硬是其最为显著的优点。
- 相比其他三种材料，大多数双组分混合型材料的操作时间较短、黏性较大，并不适用于长期作业。常用的有AB补土、塑钢泥、速成钢等。
- 本书没有记录使用这类材料的具体塑形过程，但如同烘烤类黏土一样，分层塑造会更为轻松，即先制作一层，待硬化后再制作第二层。

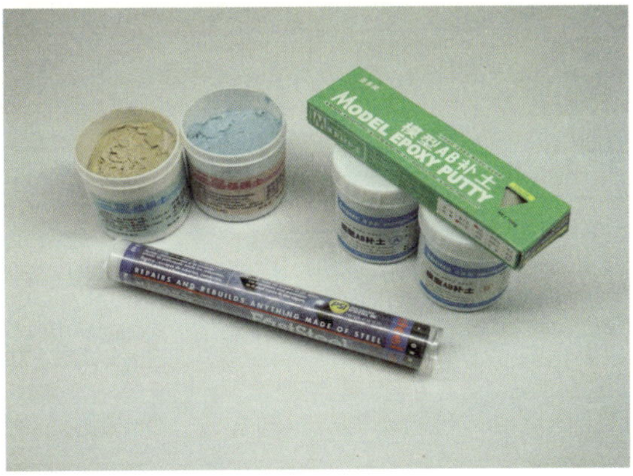

使用AB补土（水壶壶体）、速成钢（金属杯）和布料等材料制作的微型水壶。

使用速成钢固定的铝线骨架，这种固定方式在制作定格动画角色时会用到。

（2）其他材料与工具

塑形刀

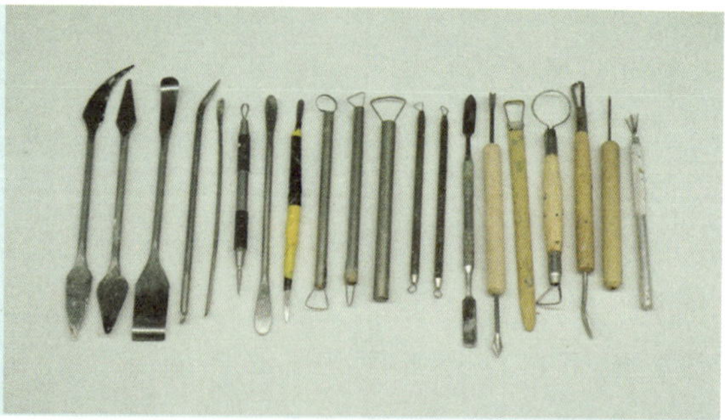

热风枪

小型的热风枪可用于软化油泥类黏土，也可以用打火机或酒精灯代替，但一般情况下不推荐使用明火工具。

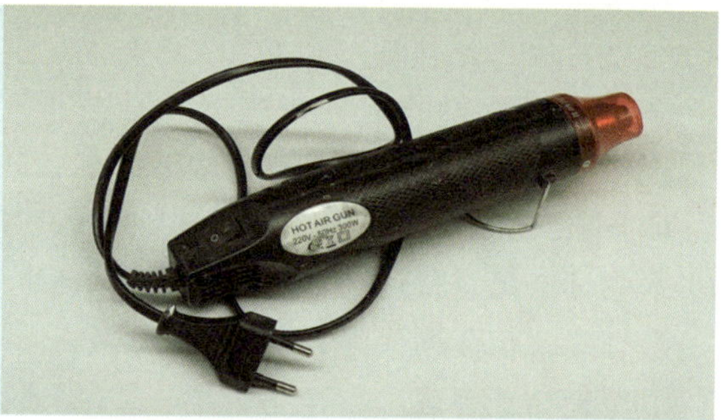

可调节温度的定时烤箱

用于软化大块油泥或者硬化烘烤型黏土等。注意不要与食品用烤箱混用。

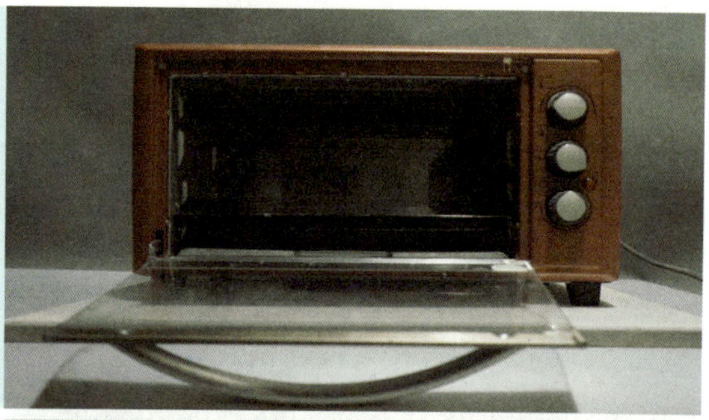

金属丝

铝丝是常用的骨架搭建材料。细铜丝可以用于分割较软的大块泥料。

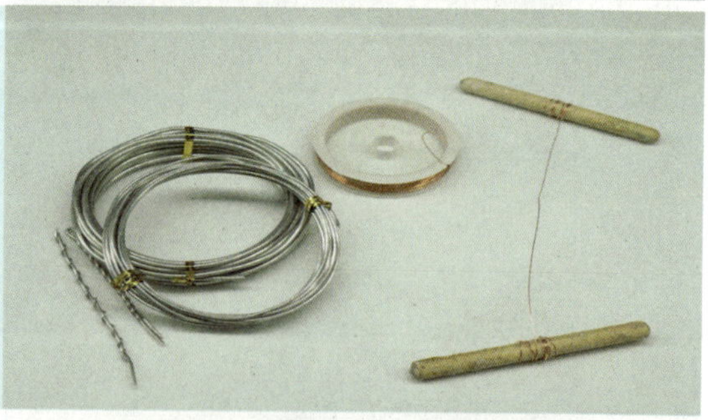

速成钢和AB补土

速成钢可用于固定金属骨架，AB补土可用于填补、修复。

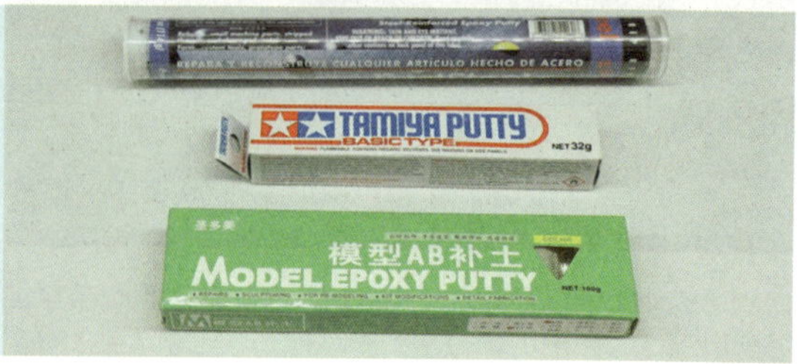

丙烯颜料和丙烯马克笔

丙烯颜料具有较强的附着力，且没有刺激性气味，用水即可稀释。不同材质的着色对象，会用到不同种类的颜料。

画笔与传统绘画材料

这些材料是着色阶段必不可少的工具。

一些生活用品

会有意想不到的用处，例如铝箔纸耐热且容易塑形，作为内部填充物非常实用。

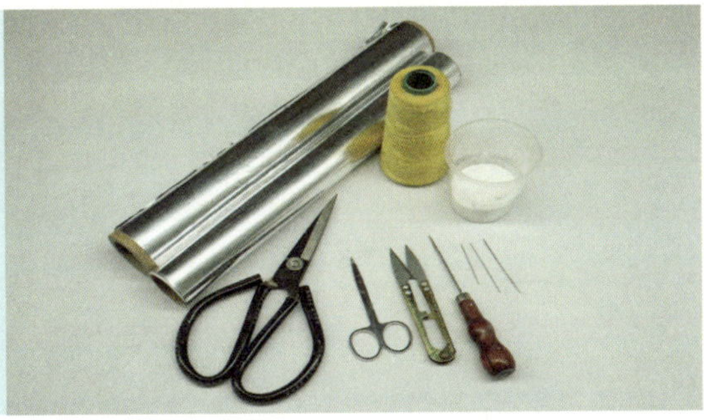

各式钳子

用于钳断、打股金属丝，修剪飞边等。

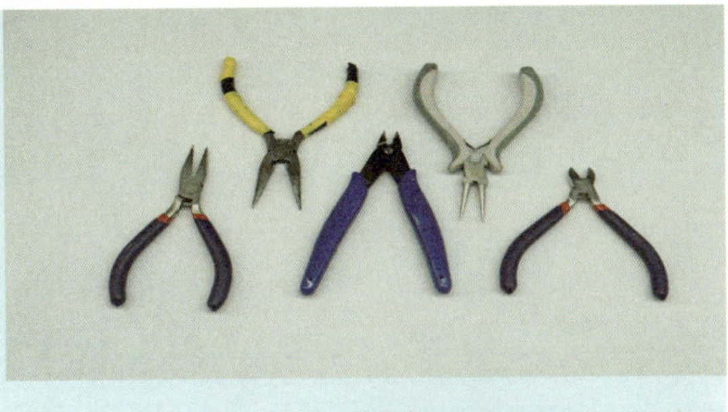

打磨工具

砂纸、海绵打磨块、用于抛光的棉布以及锉刀。

刀具

刀具是偶尔会使用到的工具，但不推荐使用带有锋利刀刃的工具切割大块且较黏的泥料，因为那样非常不安全。

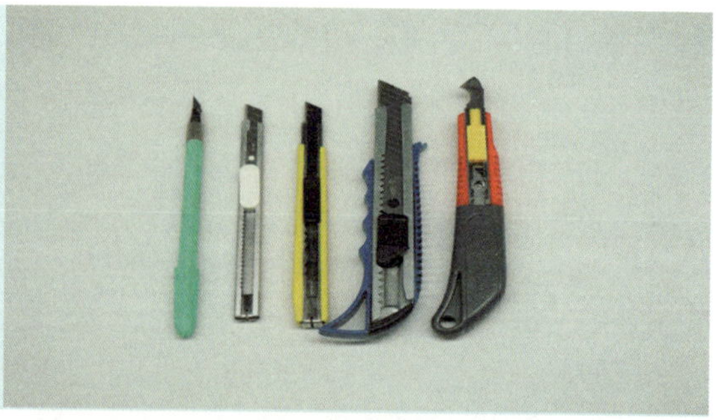

胶水

木工胶或白胶、万能胶、强力瞬黏剂等都是常备的黏合剂。热熔胶可以用于临时固定。

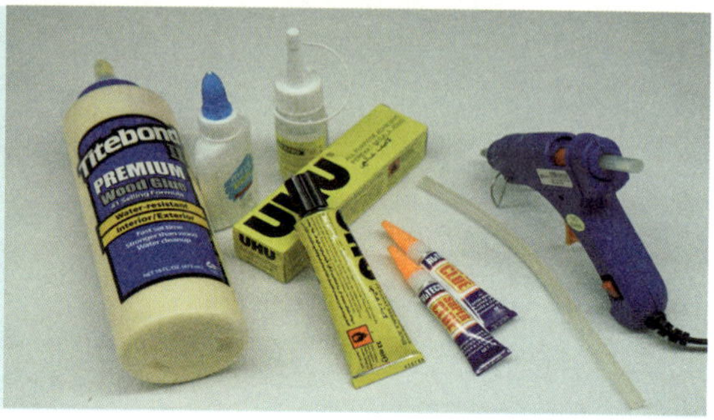

可能需要的工具和材料

酒精

稀释后的酒精可用于柔化、溶解一些黏土表面，或用于溶解丙烯颜料。

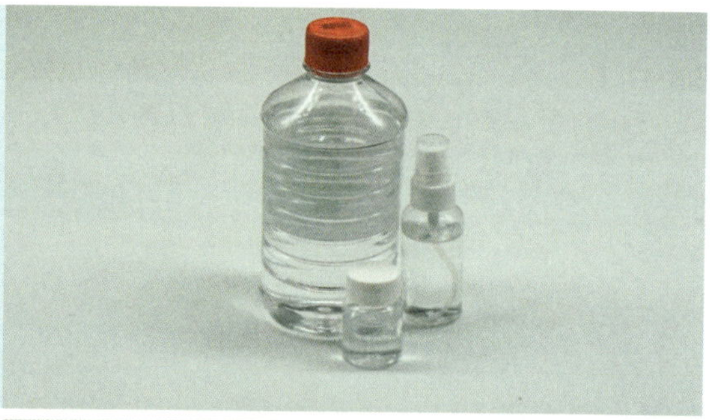

电动钻和手动钻

除用于打孔外，电动钻还可用于打磨、抛光、切割等。

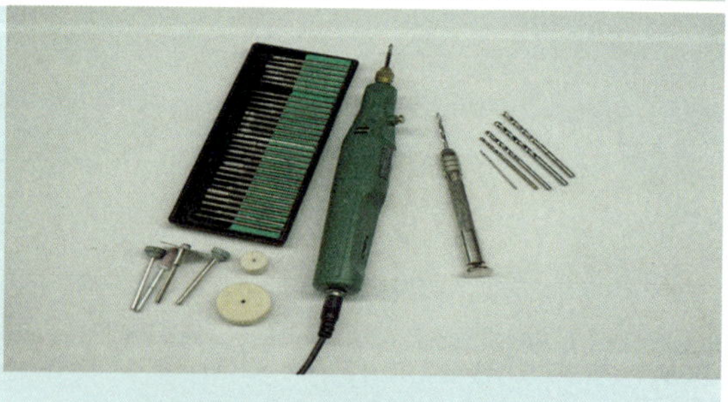

喷笔

使用喷笔喷涂的作品表面会更加均匀、平整。不过是否使用喷笔喷涂取决于个人风格以及具体制作对象情况。

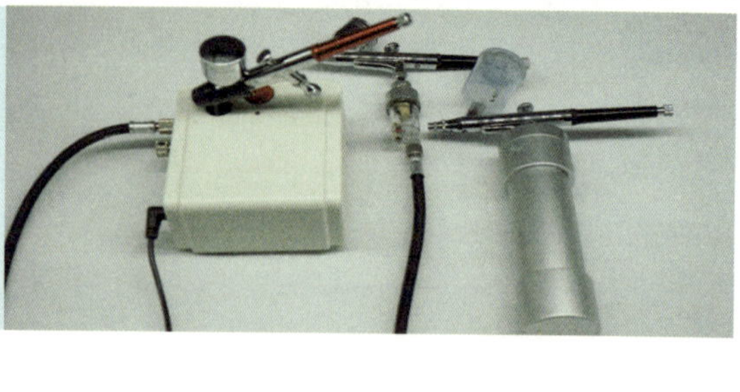

泥塑支架和旋转台

制作体积较大的泥稿时，借助支架以免倾倒损坏。使用旋转台便于进行全方位观察。

模型用底漆

也称“水补土”。如果计划上色，尤其是在使用树脂、塑料等材质时，喷涂底漆不仅可以增强涂料的附着力，还可以检查瑕疵和填补微小的凹痕。

油性亮光、消光漆

用于打造光泽或哑光质感，在着色完成后再喷上一层可以对作品起到保护作用。

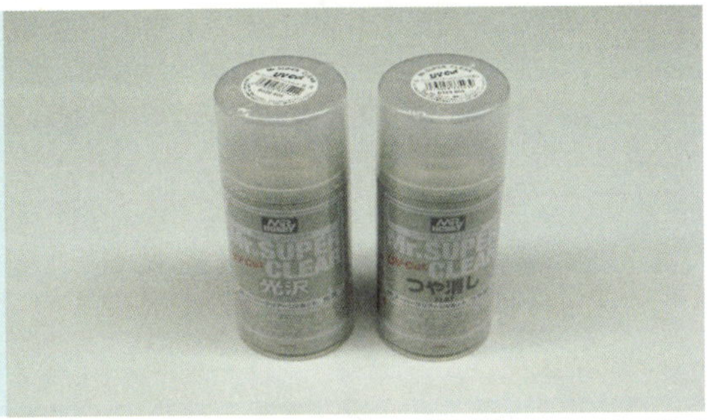

恒温加热器与铝箔容器

用于保持较硬油泥长时间温软或是加速烘干风干型黏土。

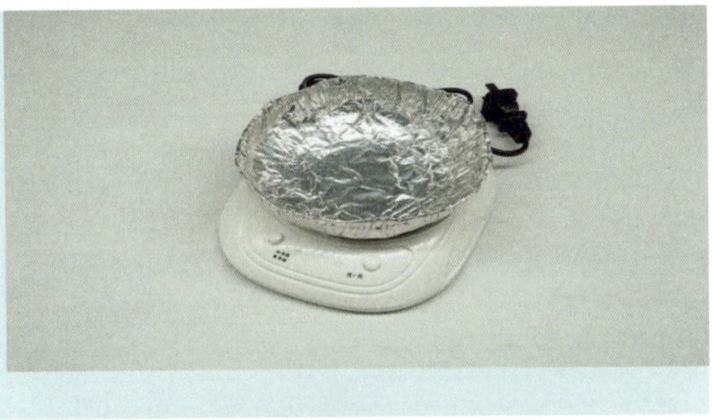

放大镜

如果想看清微型手工品的细节，不妨借助一下放大镜。

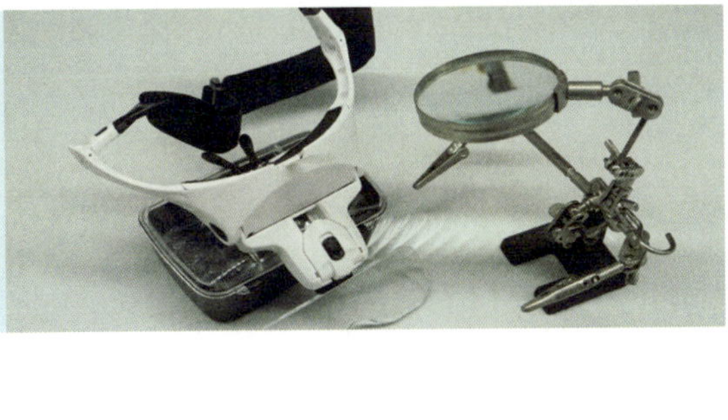

场景模型材料

场景模型材料可以用来营造雪地、草坪、沙土、泥泞、落叶、水面等效果。

防护用具

胶质手套和指套、口罩、护目镜、防毒面具。防止粉尘、飞溅的液体或废渣以及有刺激性气味的材料对身体造成损伤，应提前做好防护。

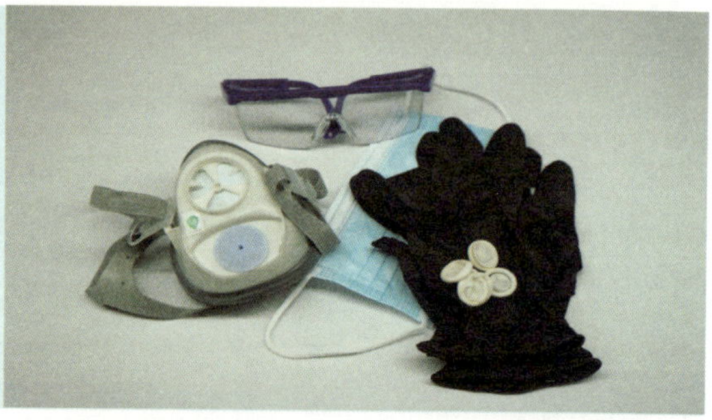

可调节方向的灯具

不同方位的光源所呈现出的视觉效果也大有不同。

硅胶

缩合型硅胶由硅胶原料和固化剂组成。硅胶原料在混合固化剂前具有流动性，充分混合后会逐渐固化。

铸模树脂

通常由A、B双组分液体组成。按一定比例充分混合后会固化成型。颜色多为白色，混入专用颜料可进行调色。

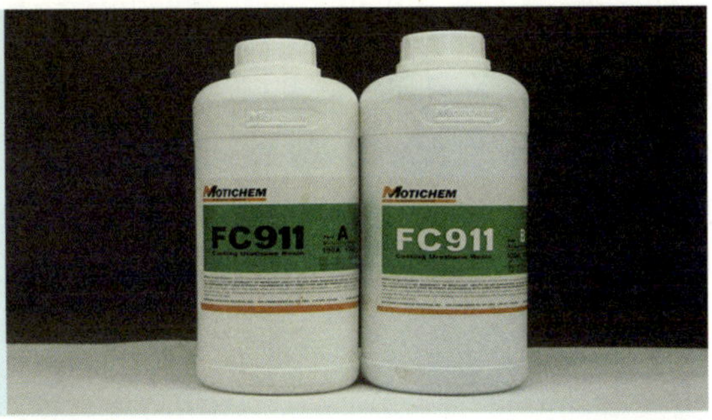

石膏粉

为一种常见的材料，遇水成型，可以作为木节土等水性泥胚的模具。但作者通常用石膏板作为硅胶模具的外壳。

制作模具和铸造复制品还需要很多辅助工具和材料，具体可参见第57页的主要材料与工具。

（3）工具的选择与使用

好工具不在价高，只有最适合（无论是手法还是即时需要）的工具才是最好的工具。塑形工具并不受限，同一个工具也会有不同的用法，最开始作者只是用一根竹签和一根钢针开启了手工之路。不必刻意去寻找一套“最完美的工具”，工具是辅助手指并为其提供便捷的，手才是最重要的。

工具有金属、木质、塑料等材质之分，用以应对不同材质的泥料，不过我认为这些并没有不可逾越的界限，例如，很少有人用塑料工具应对油泥料，但并不是任何时候都不可以，只是材质较软的塑料制品不太适合切刮硬质油泥。

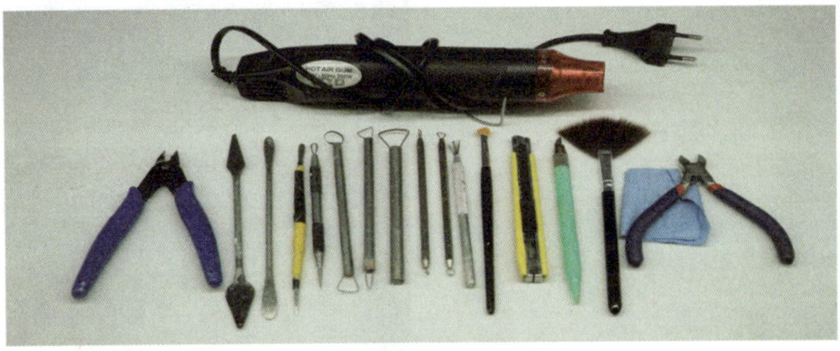

个人偏好的工具

我通常会选择油泥或是烘烤型黏土制作泥稿，有时在同一泥稿中，也会使用两种黏土配合塑造。其中的一些塑形工具和技巧是可以通用的。

接下来，简单尝试一下使用这些工具与油泥，并展示产生的效果（这是基于我个人习惯总结的基本用法，可能不是最专业或最普遍的）。

黏合：适当加热油泥表面会更具黏性。不适合用于软化风干类、烘烤类黏土。

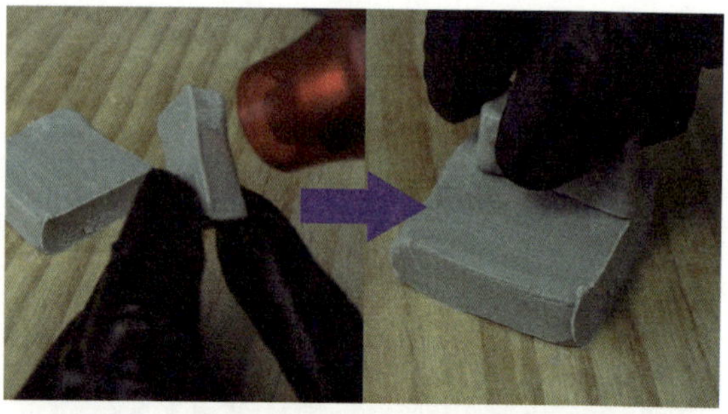

抹、压：指尖的替代工具，挤压、平整表面等。

刮：刮出大致形体或者刮平。

刻：直接刻划，刻划过深易产生泥渣。

分割：结实的线或金属细丝是很好的分割工具。

刻：垫上塑料膜雕刻，更柔和，不产生泥渣。

挖：挖除、制作沟壑、凹槽等。

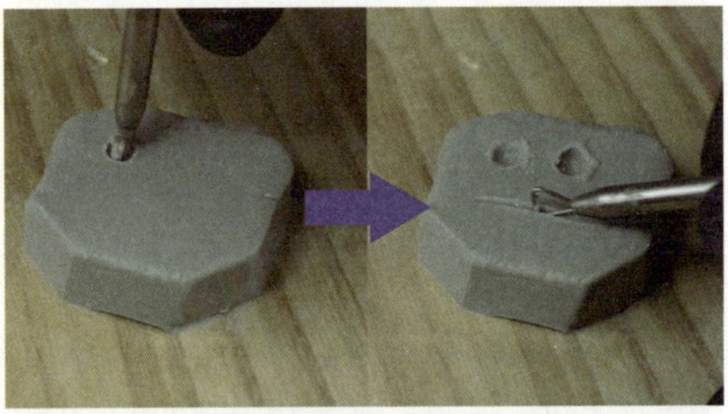

扫：扫清浮渣，或者柔化表面。

光滑：使用粗棉布、砂纸等。蘸取少量酒精效果会更明显。油泥料也可以配合热风枪、打火机等使用。

质感：灵活选择工具，即使是生活用品也可以尝试作为工具使用。

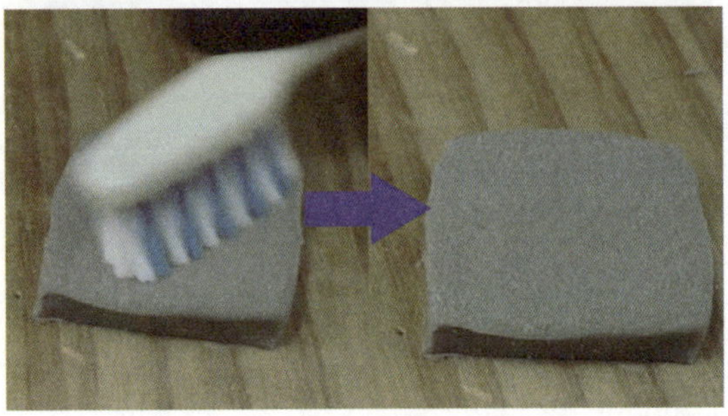

2 使用油泥制作简单的手工品

本书中，我将实录制作一件简单的树脂手工品，即从油泥泥稿到着色的全部制作过程。这件作品以“斑海豹”为原型，此前我从未详细了解过海豹，这也是我第一次制作海洋哺乳动物，所以也可以视为一次简单的尝试。

在开始制作之前，先预想一下有哪些步骤需要完成。想要顺利且独立地完成一件作品，清晰的计划是必不可少的。半途而废的作品，很可能是因为一开始考虑不周或是超出了当下能力所导致。以下是我根据自己的习惯归纳的步骤图。这因习惯而异、因材料而异。

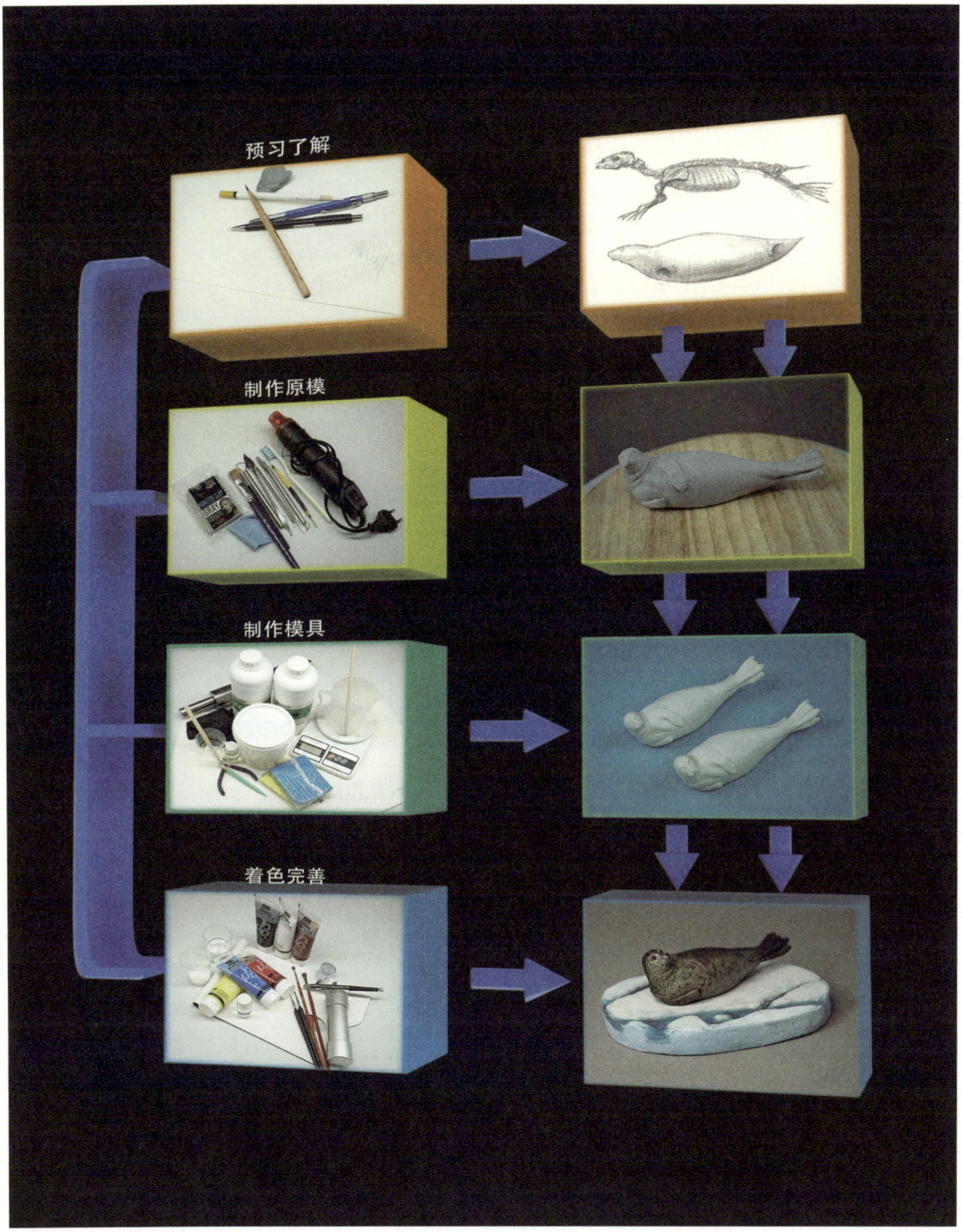

（1）预习了解

预习，实际上就是通过查询资料、观察实物等方法提前了解制作对象的基本结构。我喜欢绘制一些简单的草图来了解陌生的事物。

熟悉骨骼可以更直观地看出哪些地方可以做大幅度动作，哪些地方不能。过于扭曲的动态（尤其是超过了最大运动幅度时），不一定经得起长期观赏。

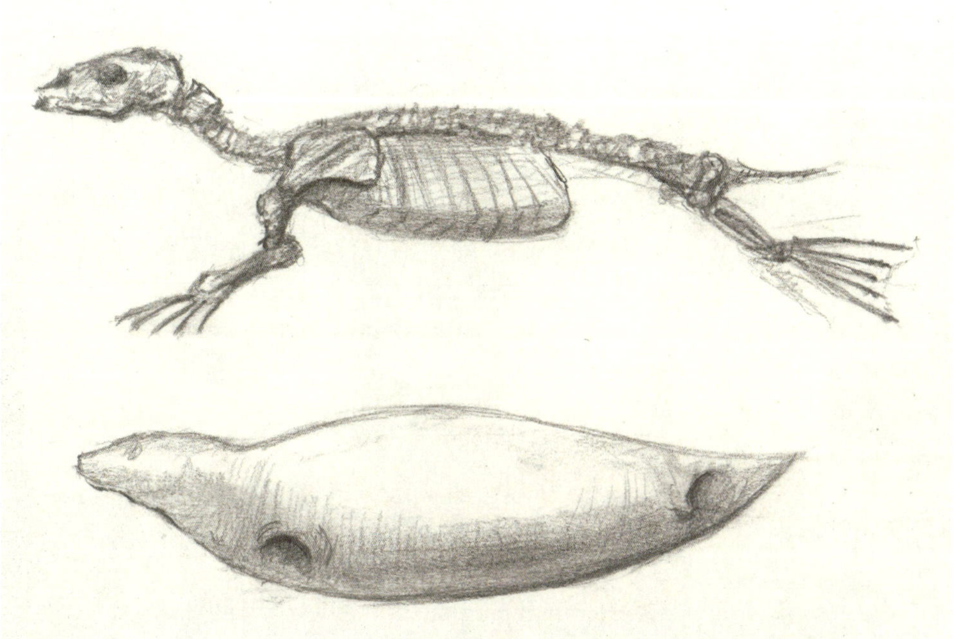

（2）制作原模

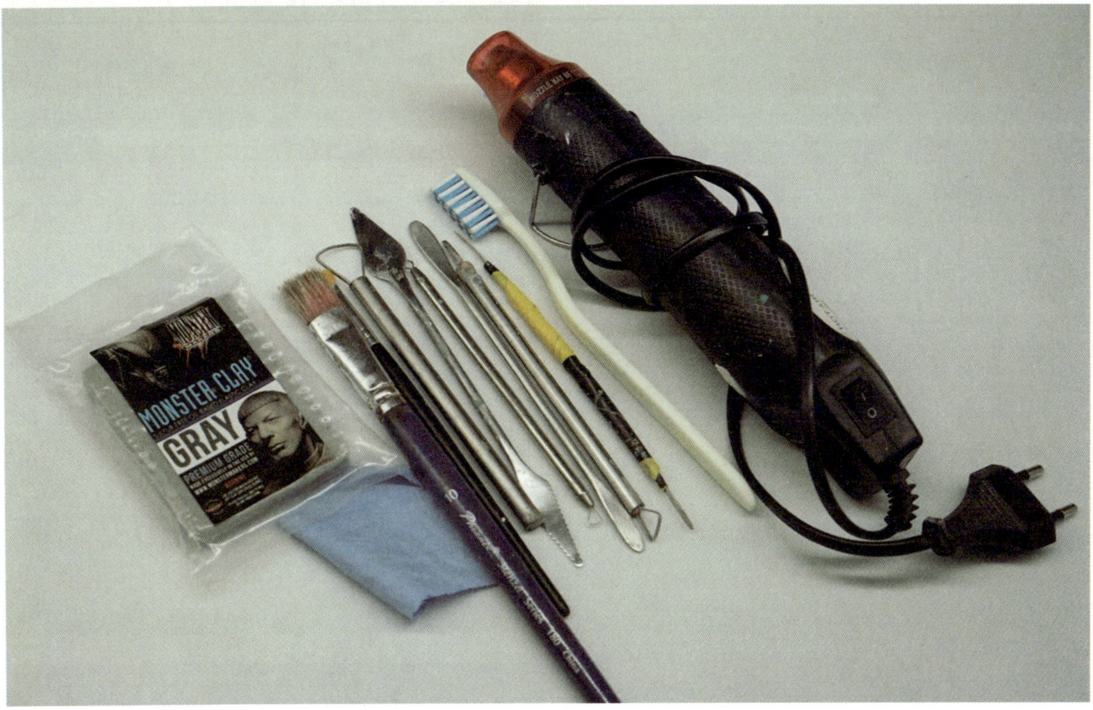

1 切出几何形体

- 尝试制作出海豹的几何切面构造，尤其是在初次制作不太了解形象时，先粗略感知它的几何形体可以厘清头绪。在初步塑形时，除了使用削切工具，还可以直接用手指来制作造型，就像古代泥塑那样原始。

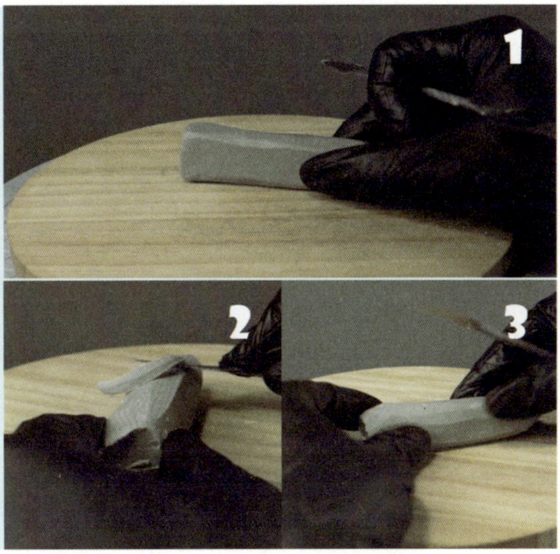

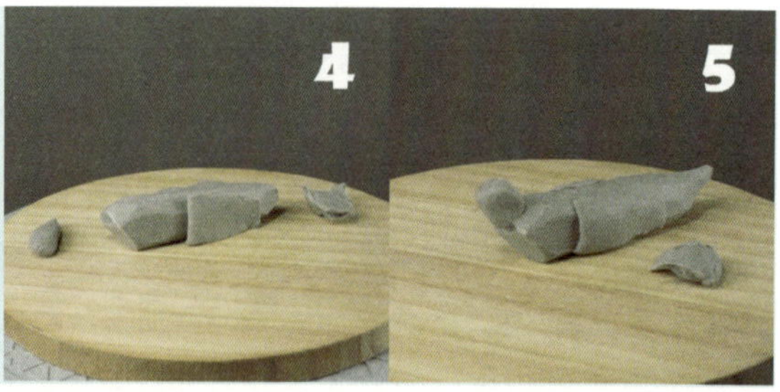

2 圆滑表面，并给予简单的动态

- 用热风枪可以使油泥表面软化并变得光滑，但要小心使用，温度过高会瞬间熔化表面细节，也可以使用油泥专用的酒精灯或者打火机代替。

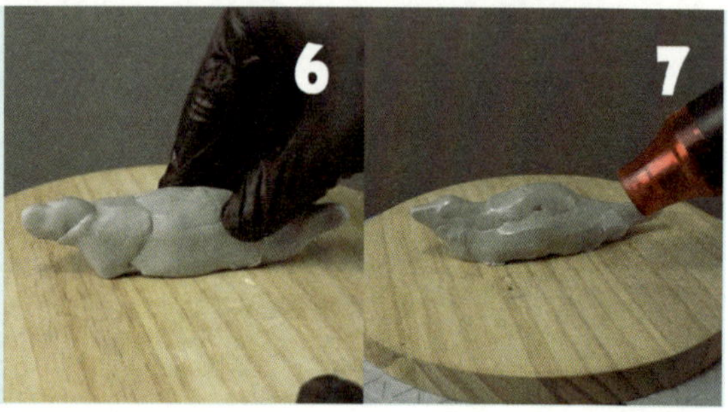

- 给予一个动态，这会让作品更有趣味。

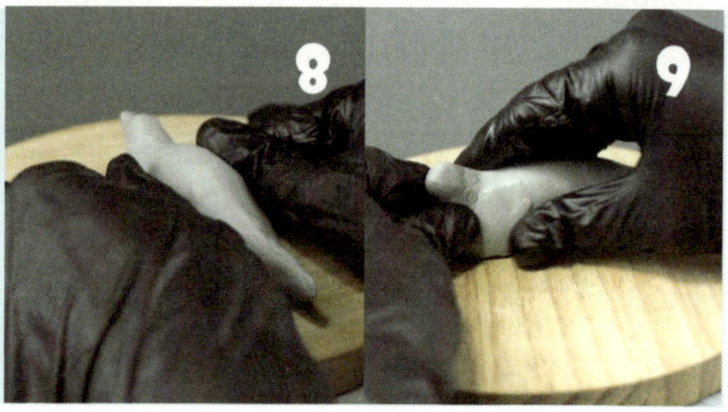

3 塑造大致形体

- 现在，塑造更为接近真实海豹的形体。雕刻一些方形网格可以帮助我们查看扭动的形体是否合理。

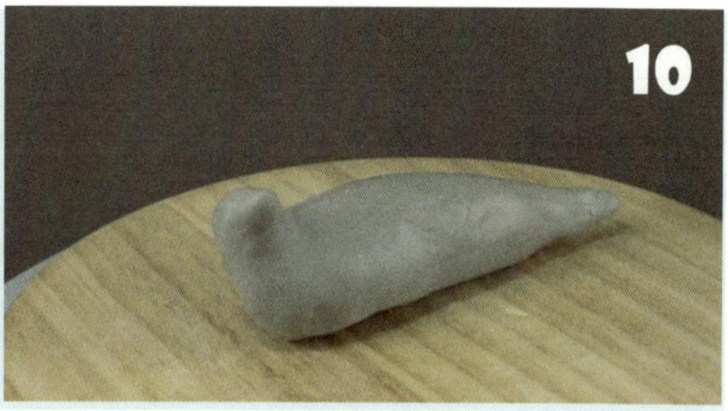

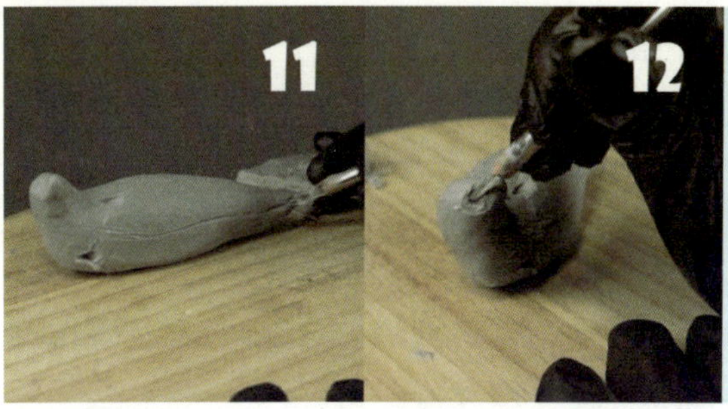

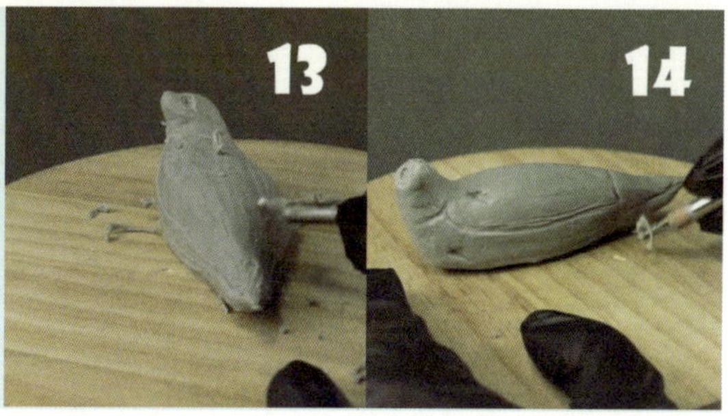

- 这只“斑海豹”是侧躺的姿态，要特别注意它的脊柱（图17）和胸腹的中线（图14）。

- 头骨的结构很重要，我们对生物的第一印象经常会锁定在一个角度上，如海豹、灵长类动物等我们大多数看到的是正面，而牛、马等我们会更多地关注到侧面，所以也要留意头骨的其他角度。

- 临时添加上简易的前肢便于观察整体效果。

- 一定要塑造自己最满意的形体。

- 起形比任何细节都重要，确保形体基本没有问题再深入细节，否则我们会得到一件只有细节堆砌的作品，或者我们不得不毁掉已完成的细节再重新塑形。

4 初步细化

- 我没有找到完全一致的动态参考，所以根据想象和推断为其增加了一些皮脂叠压，这或许有些夸张。

- 确定头部不再做较大改动后，再植入眼球，这里我使用了同样的油泥制作眼球。

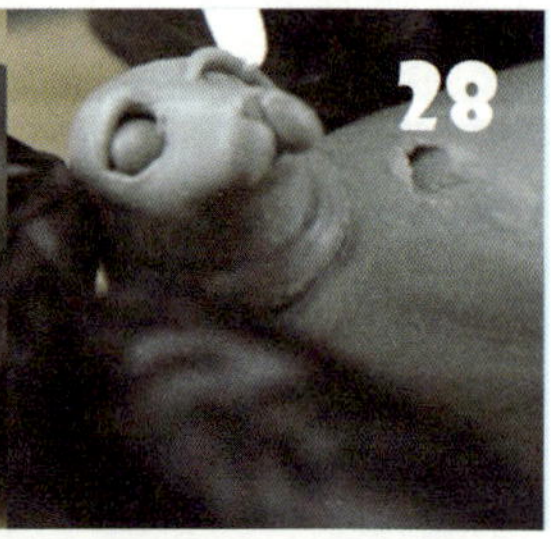

- 也可以用其他硬质球体代替，这会在塑造眼部结构时更轻松。

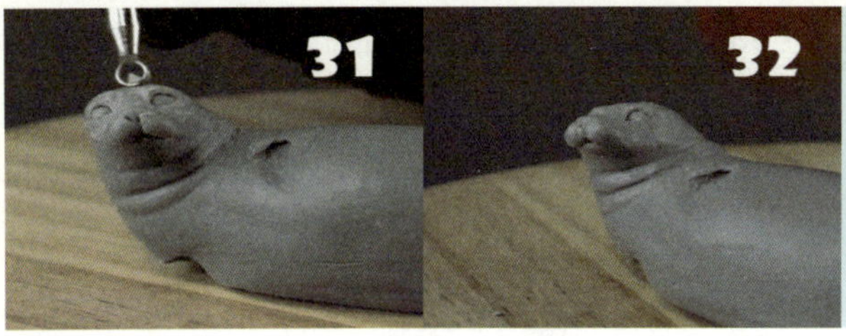

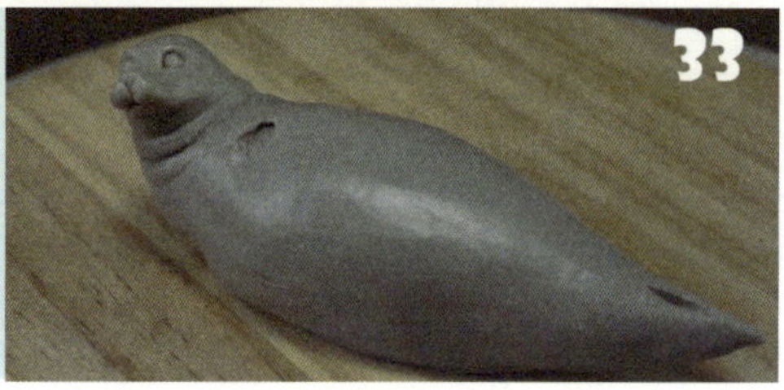

5 增加四肢

- 是时候添加四肢了，海豹的四肢较短，为了后续制作模具更简单，我选择将四肢贴附在躯干上。

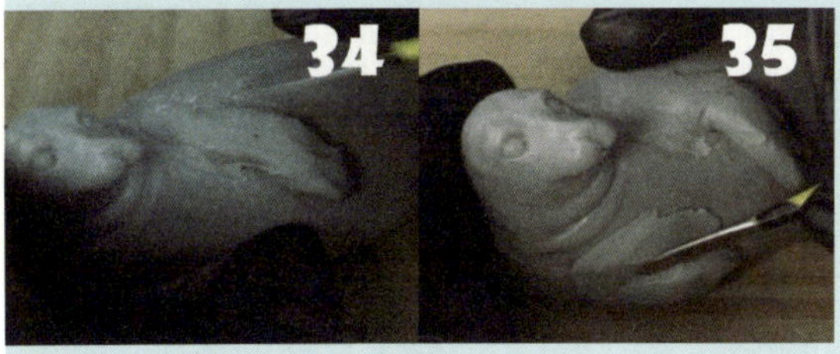

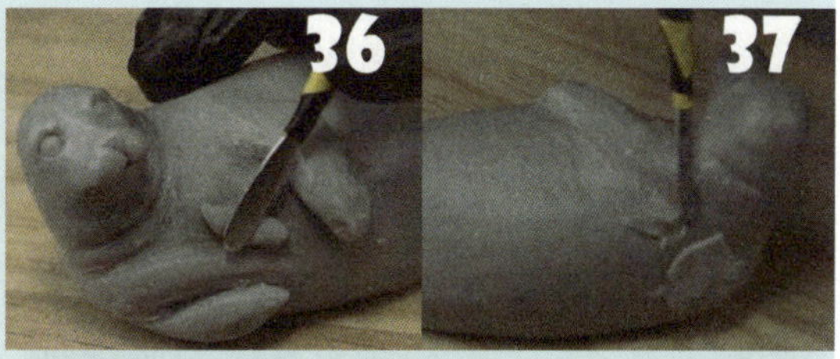

- 海豹的身体包裹着厚厚的脂肪，四肢也并不是简单地插在身体上，注意将四肢周围的骨骼、肌肉、脂肪等结构也添加上（图35~37、图39）。

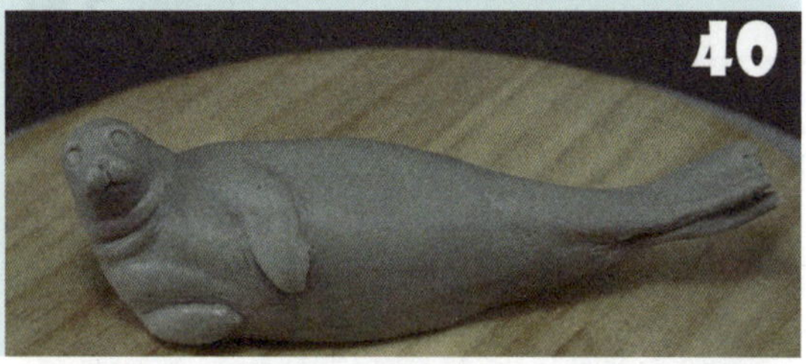

6 深化细节

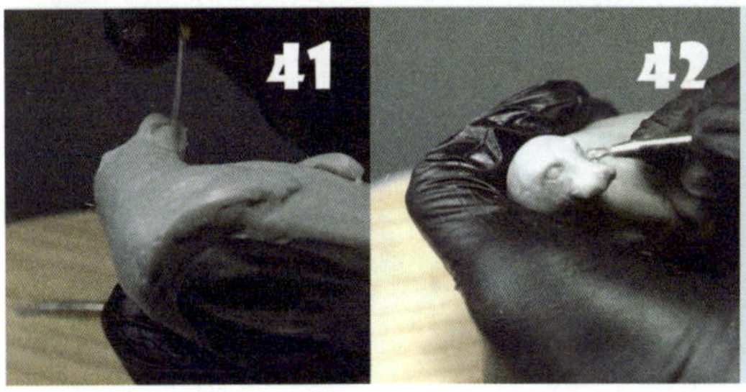

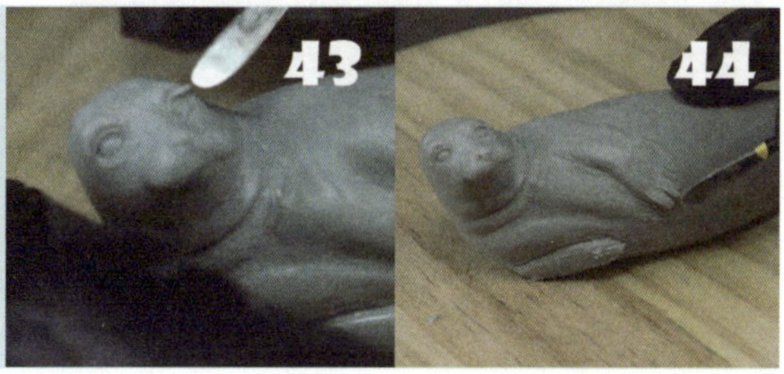

- 不同大小的毛笔刷（图46、图47）、棉布（图48）都是好用且简单易得的抛光工具，必要时可以蘸取稀释后的酒精柔化表面。

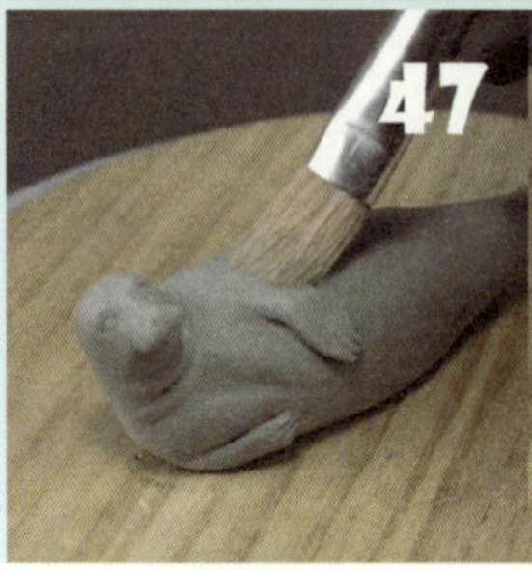

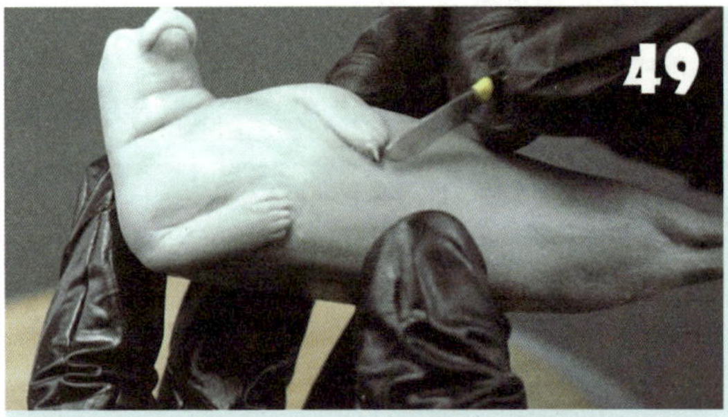

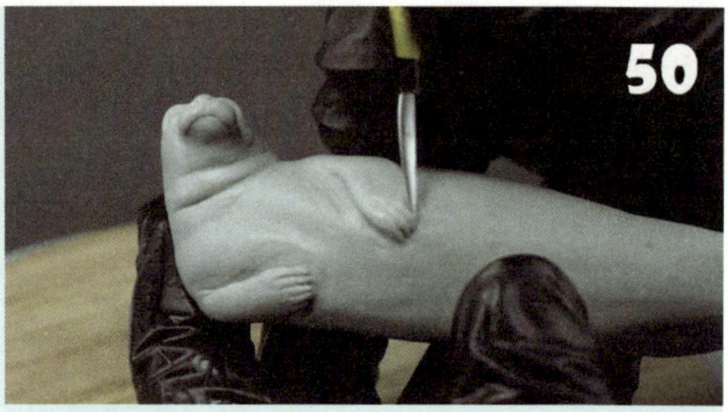

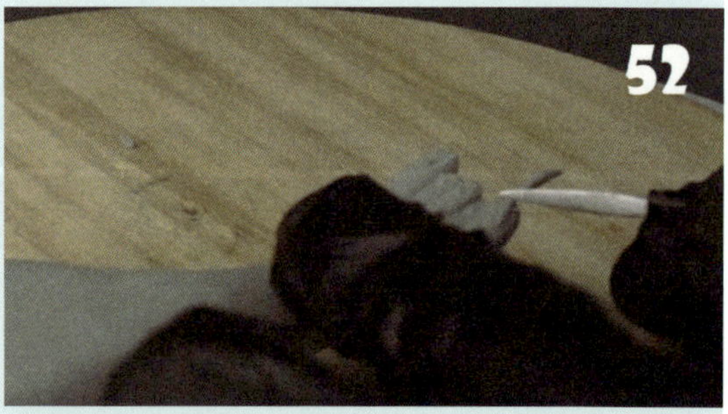

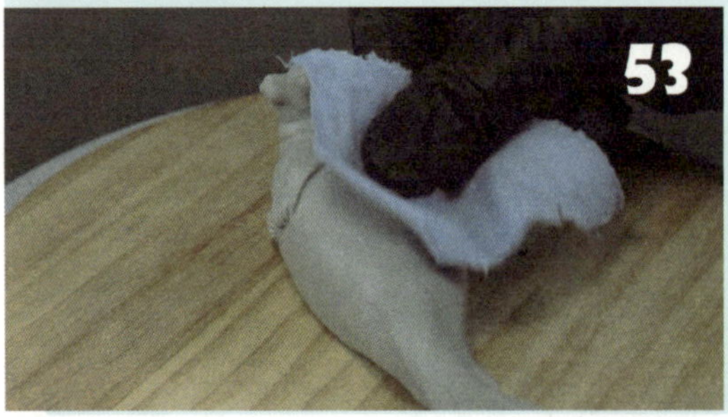

- 真实海豹的表皮长有毛发，但作者制作的是一只刚刚上岸不久的斑海豹，所以仅使用牙刷在泥稿上简单刷出顺滑的毛发质感即可。

- 细节怎样添加，添加多少，这将取决于每个人不同的关注点和个人风格。我并不擅长写实细节的技法，通常以“速写”的风格完成作品以求神似。

（3）制作模具

（材料具体名称参见 57 页）

1 制作模具框架

- 为模具搭建一个框架。硅胶在未固化前具有流动性，所以需要一个不漏液体的容器来充当硅胶模具的框架，容器应容易拆除，方便取出固化后的硅胶。
- 由于原模底面没有需要复制的细节，因此可制作一个简单的一体模具。直接用工业橡皮泥搭建出模具框架的底面和立面（工业橡皮泥遇热软化且不会风干定型，可以反复使用）。

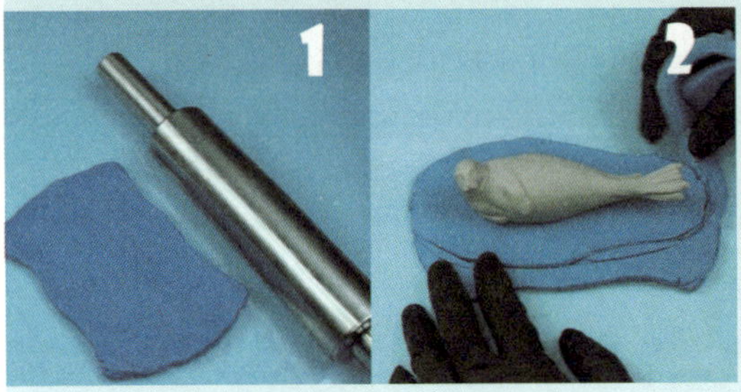

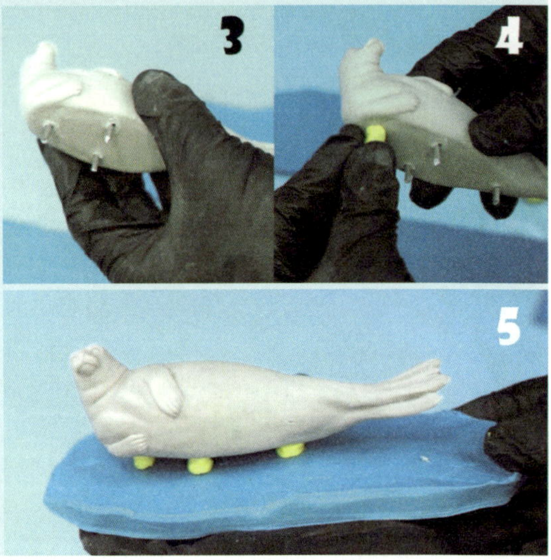

- 这些黄色橡皮泥是注料口，也就是注入硅胶的开口，也可称为注入口或浇筑口（图3~5）。

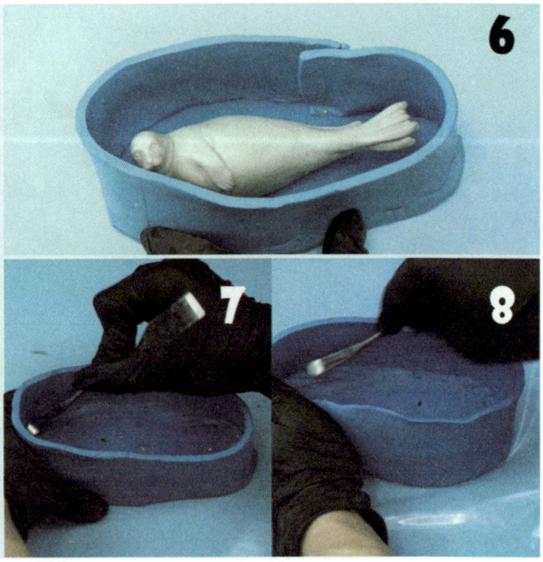

- 将缝隙填补好使其不漏液体（图6~8）。

- 模具框架与原模间要留有足够空间。

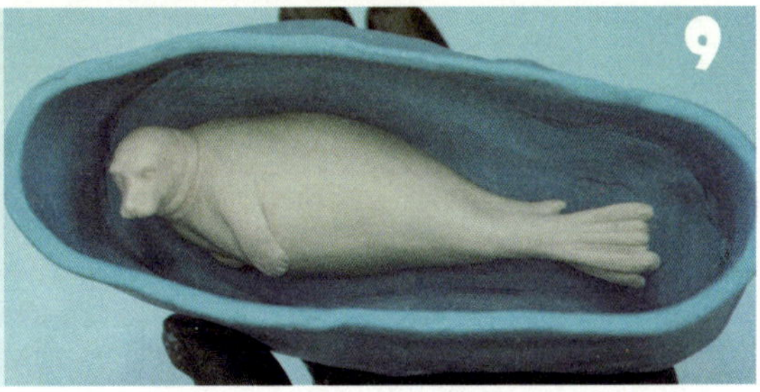

- 同时要特别注意模具框架立面的高度，黄色的橡皮泥条是原模的最高点，倒入的硅胶必须超过这一高度才能完全覆盖原模。

2 调配硅胶并倒入

- 首先量取适量的硅胶原料（图11），再量取适量固化液（图12）。

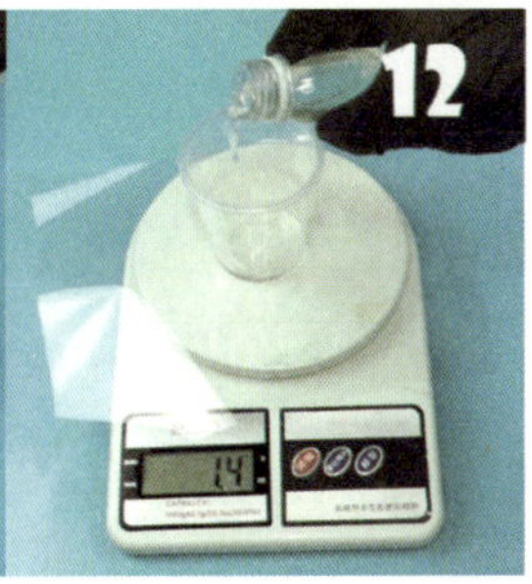

- 将固化液倒入原料中并搅拌均匀。

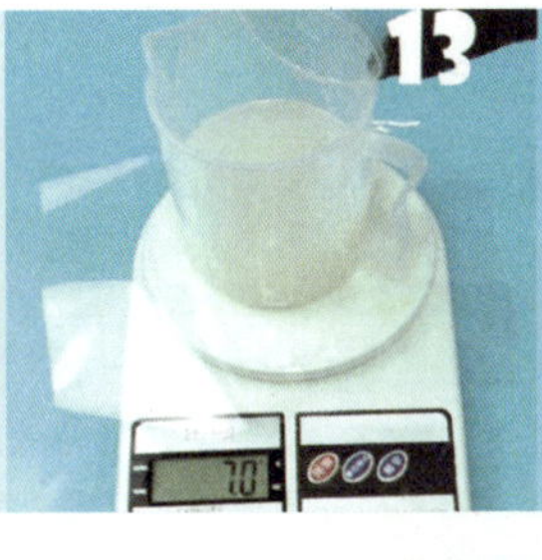

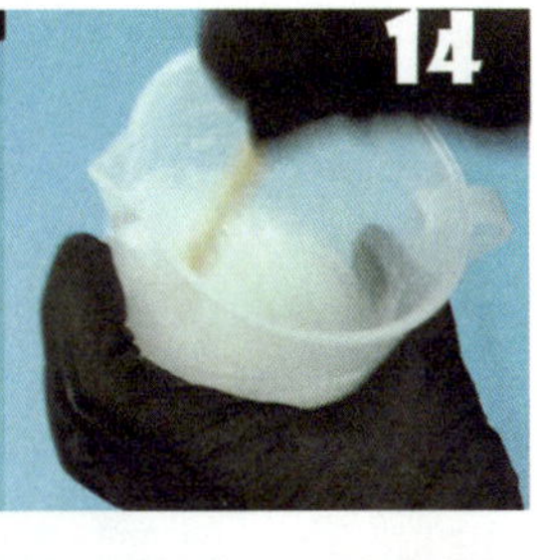

- 从最低点缓慢倾倒，可减少一些气泡的产生。

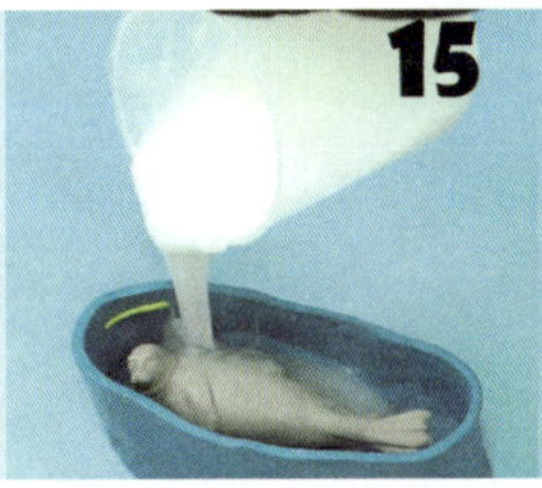

- 关于硅胶的使用需要注意：

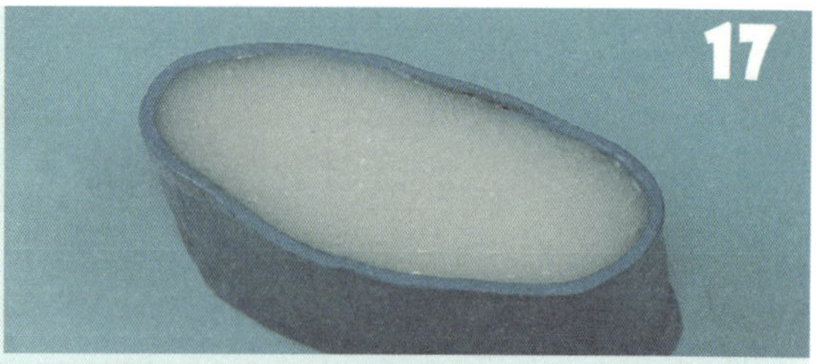

17

硅胶与固化液的调配比例十分重要。在此使用的硅胶与固化液的重量比要求在100：3~50：1。在这个范围内，固化液占比越低，搅拌后的硅胶流动性越好，反应时间也越长，这为硅胶与原模之间产生的气泡赢得更多的上升时间。反之，搅拌后的硅胶流动性会降低，反应时间变短，气泡很难排出。如果固化液的占比高出这个范围，固化后的硅胶将缺乏韧性；如果低于这个范围，硅胶将不能完全固化，并伴有粘模现象。

搅拌要充分且均匀，搅拌初期可能会很轻松，但此时搅拌得并不充分。要搅拌至硅胶黏附容器壁、固化液与硅胶原料完全混合（图17），否则会出现模具部分不固化现象。

3 取出原模并修整模具

- 取出模具。由于模具是一体的，需要切开才能取出原模，切口要在注料口所在的方向。

18

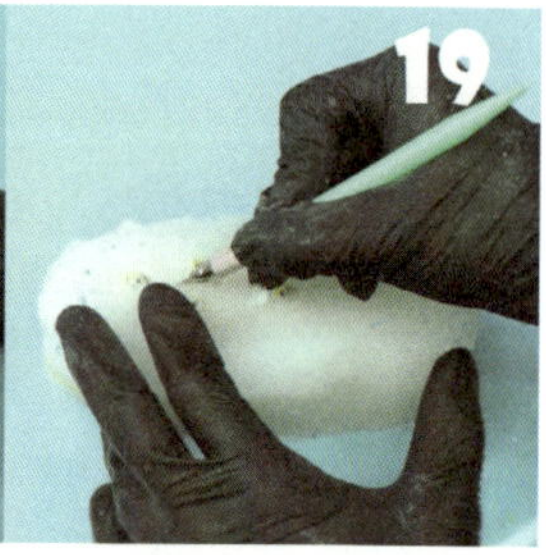

19

- 翻模过程中，损坏泥稿是难以避免的。

20

- 修剪模具，去掉这些溢出的硅胶。

21

22

4 调配树脂，复制模型

- 取适量的树脂A料，再取重量基本相同的树脂B料（图23、图24）。

- 将A料、B料混合，并充分搅拌均匀（图25~27）。不同品牌的树脂可能会有不同的混合方式。
- 将树脂注入模具。树脂的反应时间较快并且会释放出热量，一般2分钟内就开始固化成型，所以注入时要注意操作时间。
- 可以使用引流棒来减少气泡的产生。

- 等待树脂完全固化，并冷却至室温时再将复制品取出。

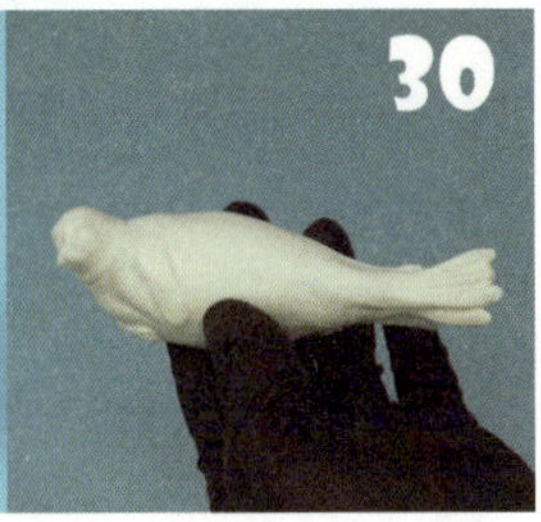

5 修剪、整理复制品

- 将树脂白模的注料口、合模线等修剪整齐。

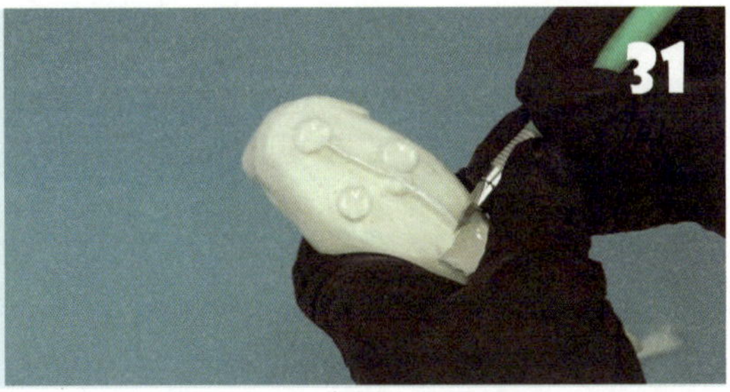

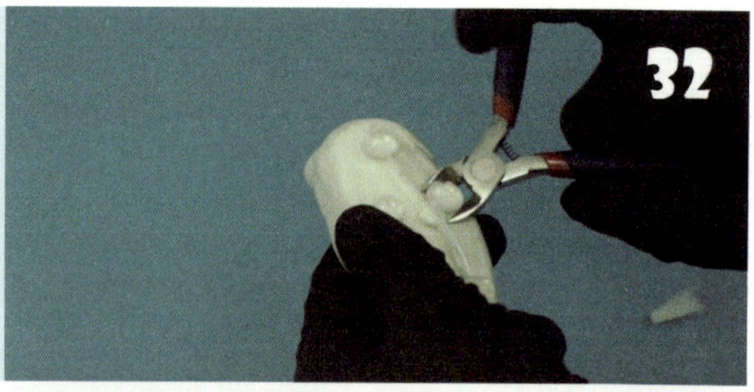

- 同上。

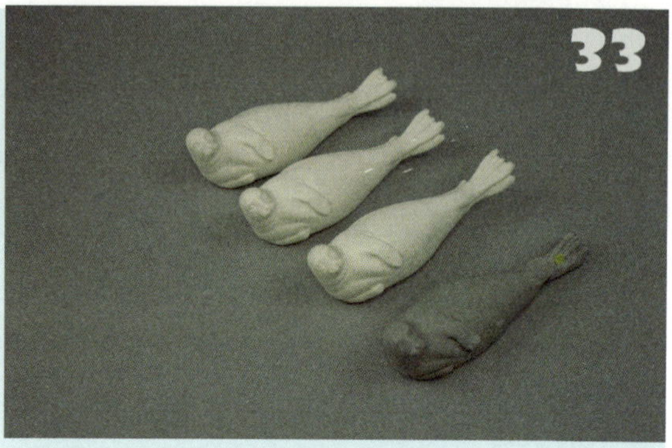

- 选出最完美的一件复制品。
- 关于树脂的使用需要注意：

在此使用的是“MOTICHEM FC911”AB树脂，其A料、B料的混合重量比为1：1。因为这种树脂没有刺鼻气味，较为安全、环保，所以可以不佩戴防毒面具。但如果使用的树脂有刺激性气味，请务必佩戴防毒面具并在通风处操作。

浇铸树脂大多数的可操作时间在2分钟内，所以在操作时要沉稳且迅速。

树脂在固化时会快速释放热量，使用时尽量佩戴防护手套及护目镜，避免直接触碰正在固化的树脂。

（4）着色完善

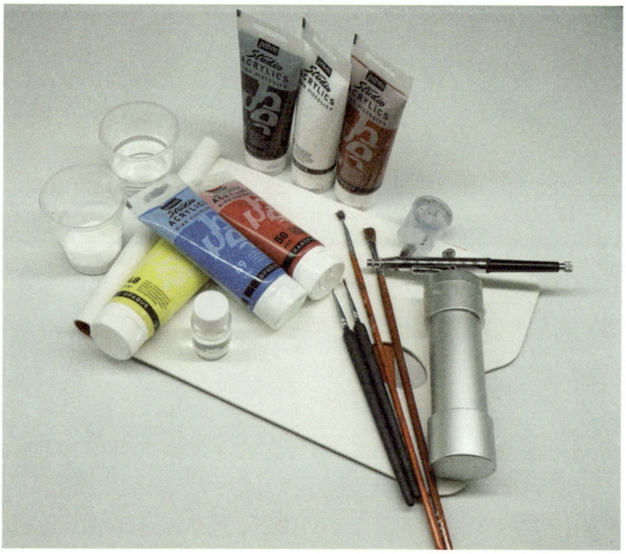

1 上色前的准备工作

- 清洗树脂白模。无论是否使用过离型剂，都应用温水清洗白模，翻模时沾染或产生的油脂会影响颜料的附着。
- 喷一层水补土作为最初的底色。

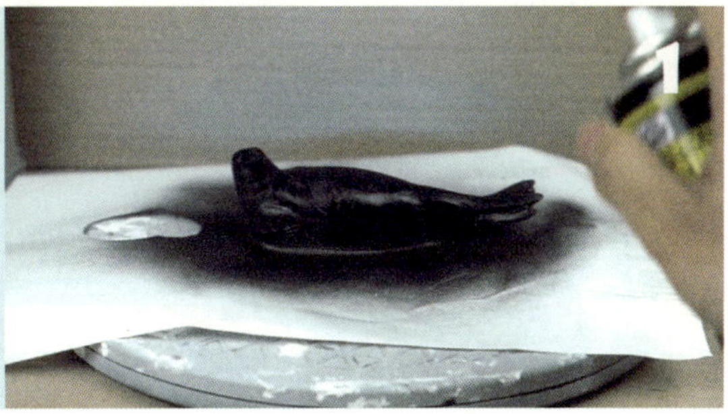

2 使用喷笔喷涂底色

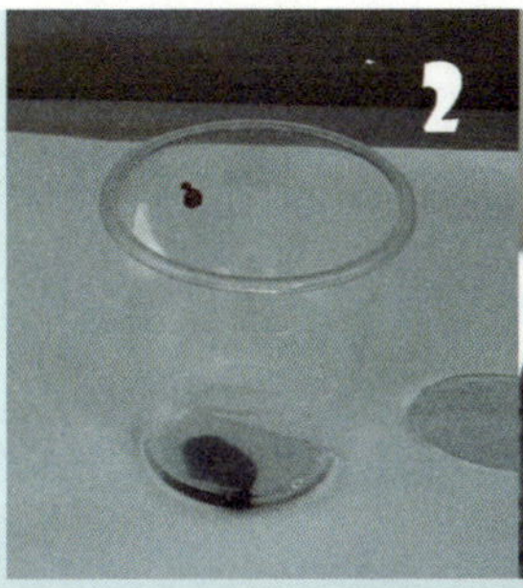

- 将底色调配均匀。作者使用的是丙烯颜料和水，喷笔需要的颜料不宜过稠，过稠的颜料会使喷笔堵塞，也可以使用模型漆等。将颜料调配均匀，倒入喷笔（图2~4）。

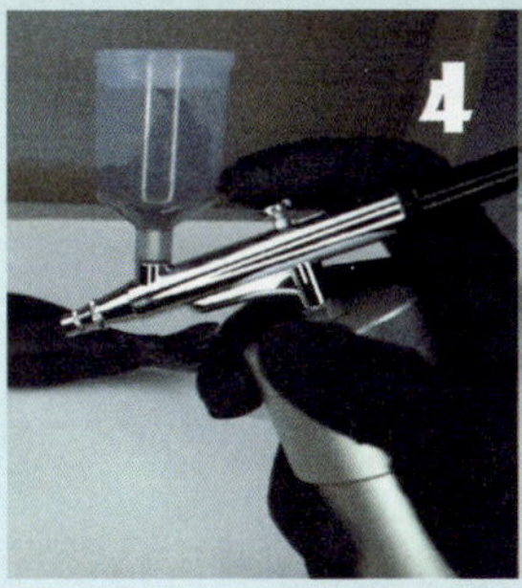

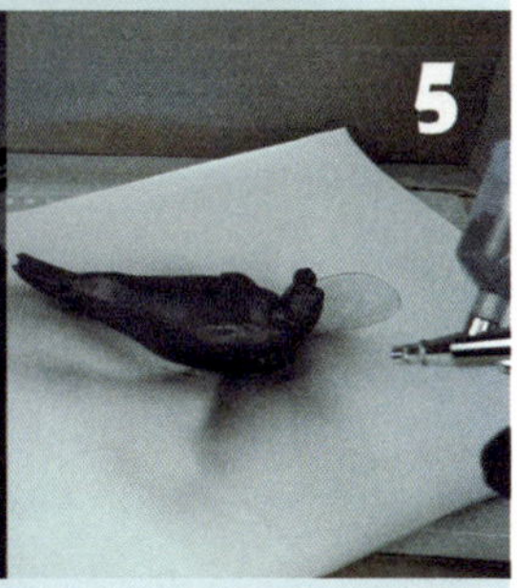

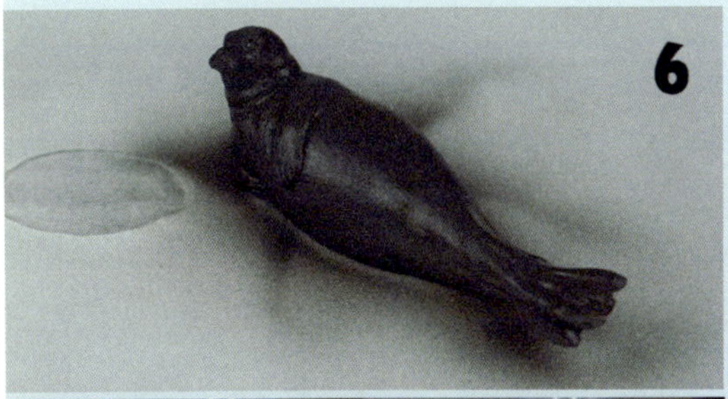

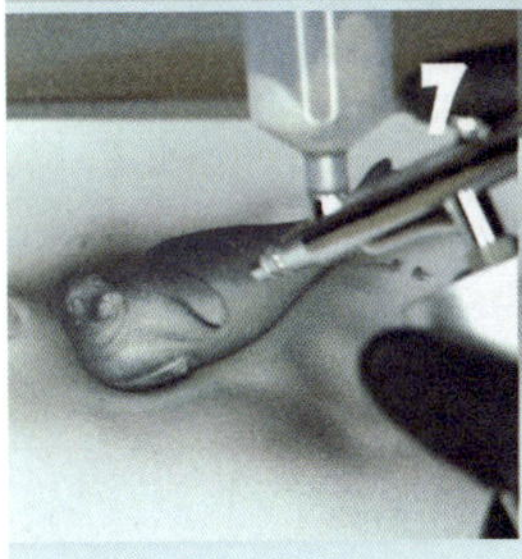

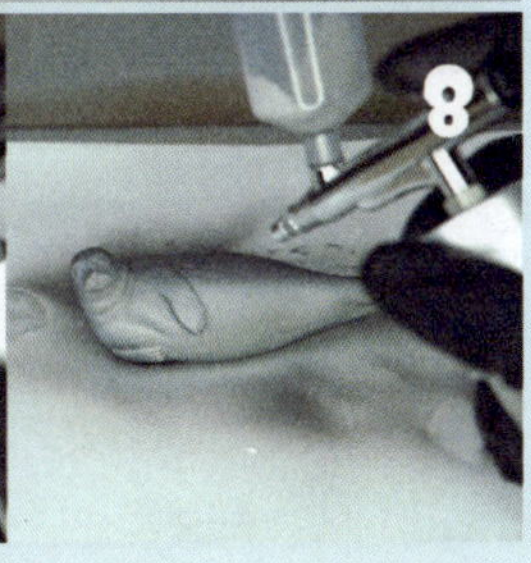

- 逐层喷绘底色。喷笔很适合绘制渐变颜色（图5~8）。

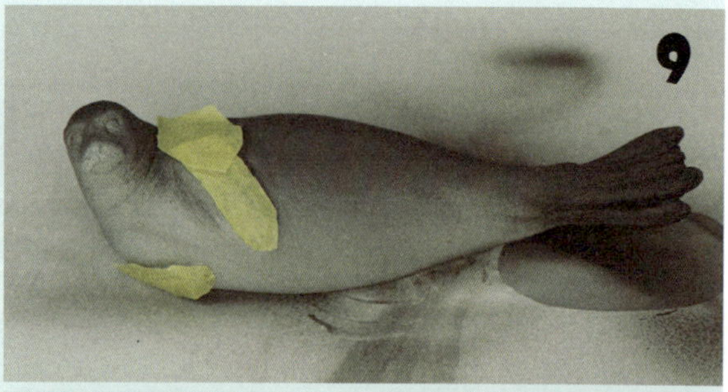

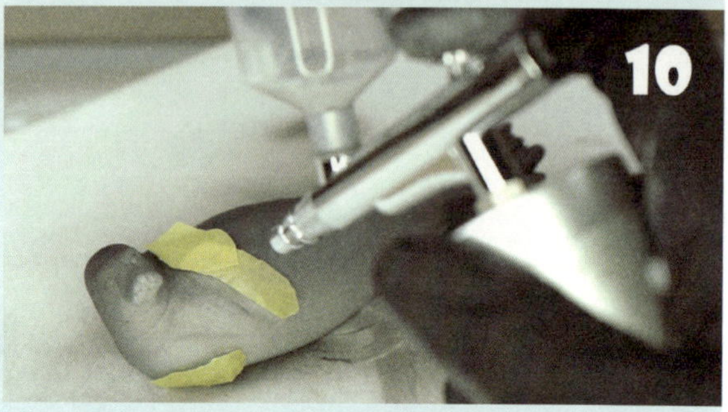

- 使用一些遮盖纸可以令喷涂工作变得更轻松（图9~11）。

3 结合画笔，绘制细节

- 喷绘一些细微的颜色变化比较困难，这时使用大小不同的画笔，可以更灵活地绘制细节。

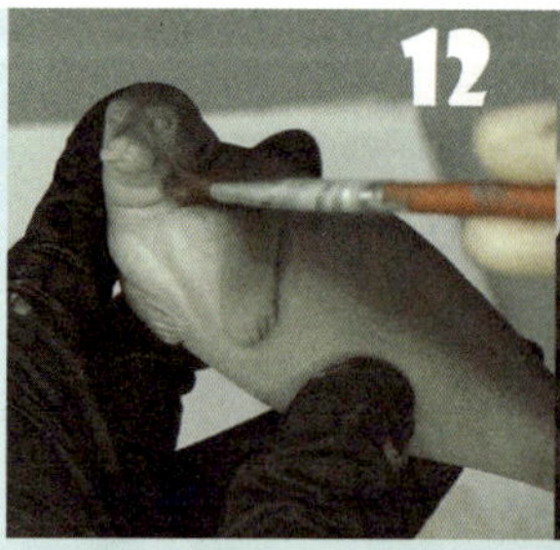

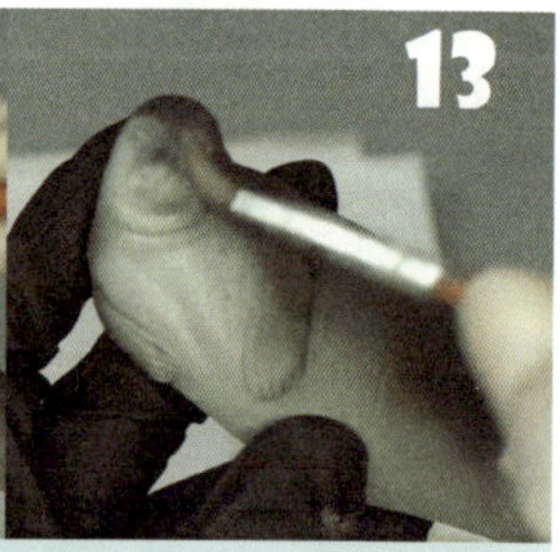

- 当生物身上有繁多的斑点时，可以巧用一些方法来绘制：连续敲打蘸有颜料的笔刷杆，这样弹下的颜料散点正好近似于斑海豹的斑点（图15~18）。

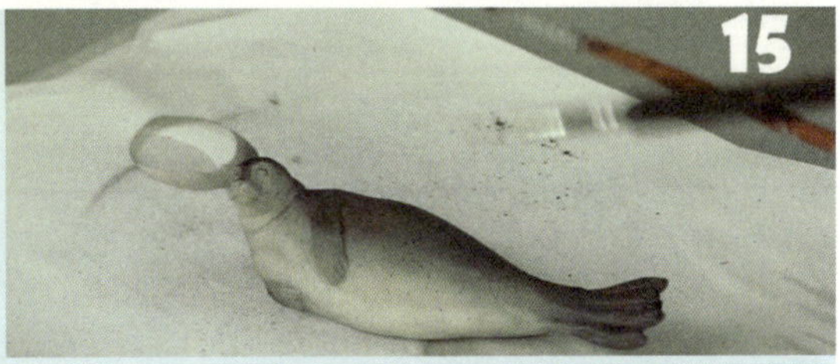

- 当然，有时候这种随机斑点并不完全符合要求，还需要进行删减或增加（图19、图20）。

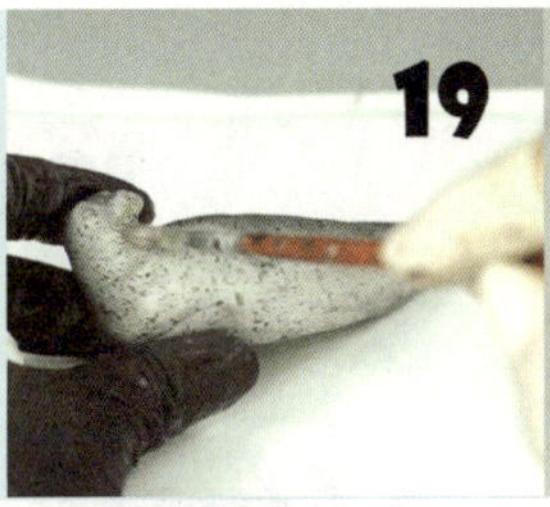

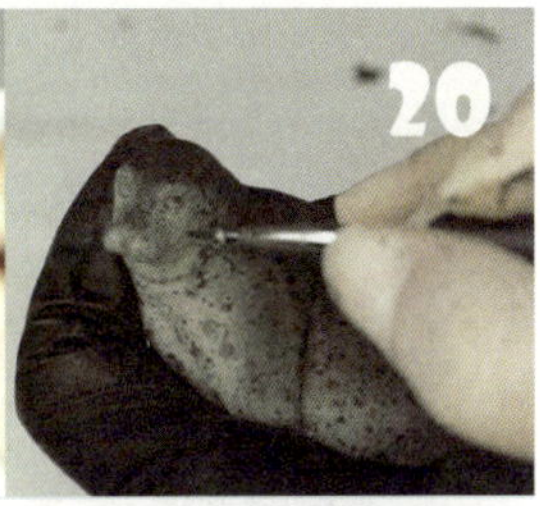

- 谨慎地绘制眼睛。

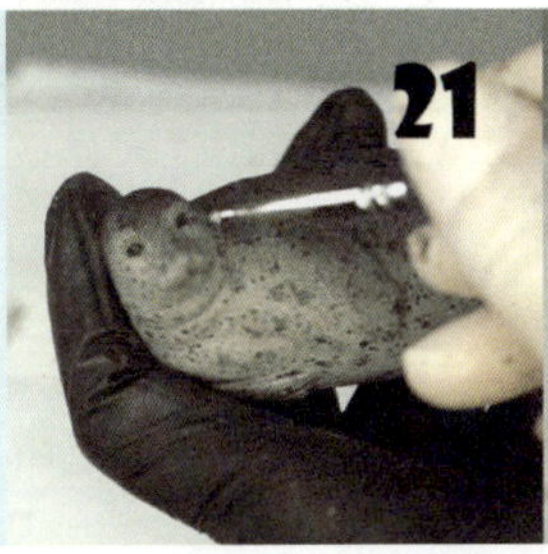

- 增加一些色彩。

- 由于要制作刚上岸不久的斑海豹，作者选择喷上一层透明光泽保护漆，既可以使表面变得光亮，也可以保护颜色层，以免其在后续制作中被剐蹭。

4 提亮眼睛

- 虽然已经喷上了光泽保护漆，但作者还是希望它的眼睛可以更亮。在漆完全干燥后，喷少量光泽漆，再在眼部点一层用来增亮。在使用笔涂漆时，不要反复涂抹，因为反复涂抹会破坏丙烯颜料层，用笔尖轻轻点画即可。

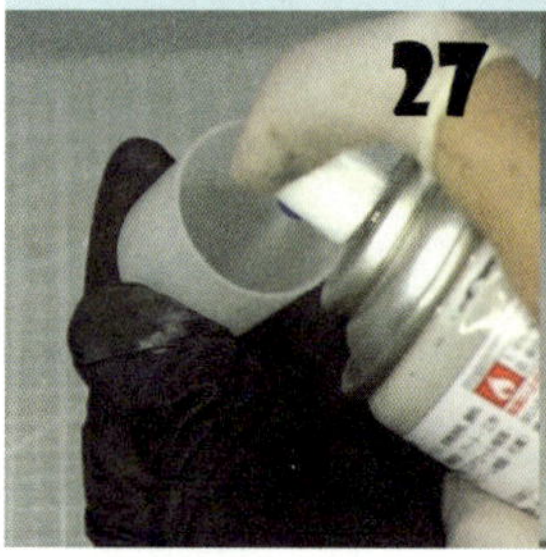

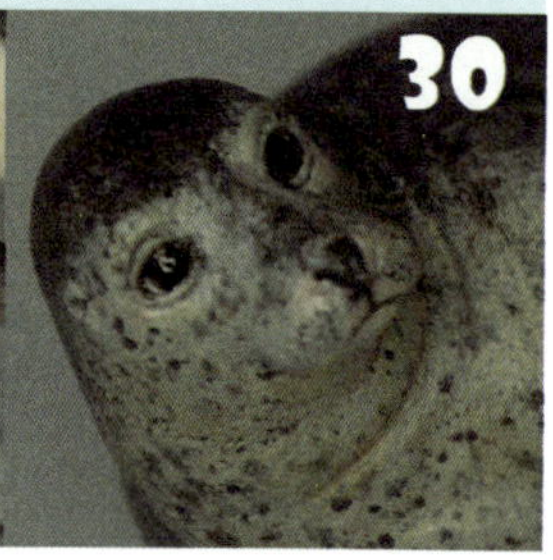

5 粘贴胡须

- 为作品加上一些简单的毛发细节，会使作品变得更有趣味且不单一。

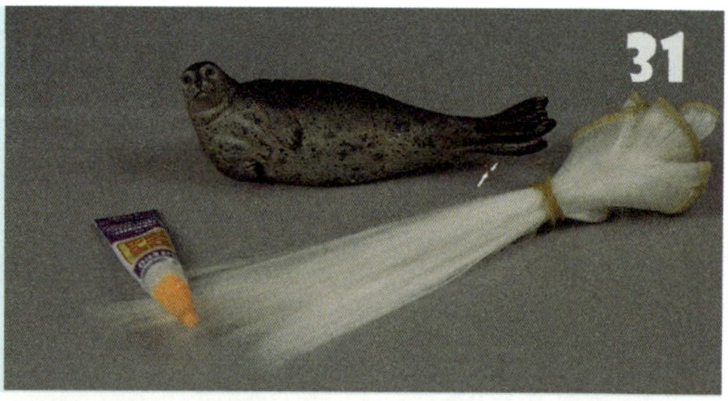

- 在胡须根部蘸上一点强力瞬黏剂（图33、图34）。用强力瞬黏剂粘贴胡须会更牢固，但这种胶水不适合大面积毛发的粘贴。

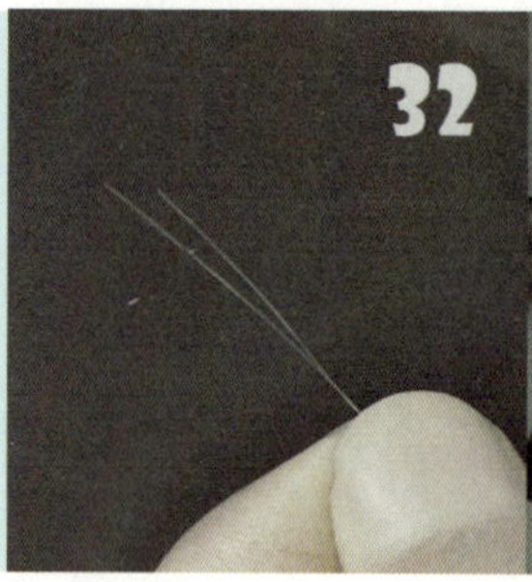

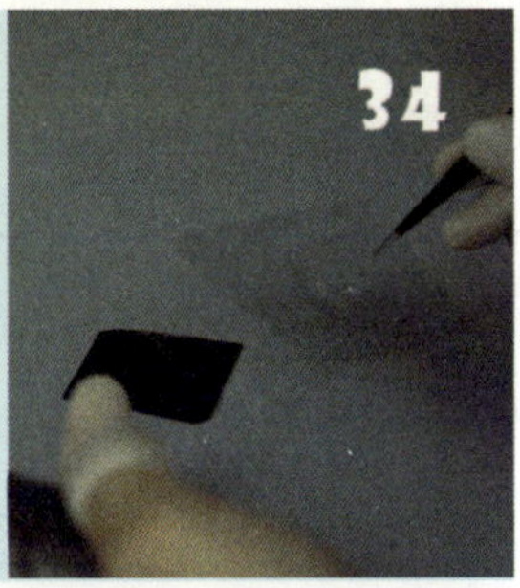
34

- 耐心地粘贴上这些胡须（图35~37）。可以借助放大镜完成这一步骤。

35

36

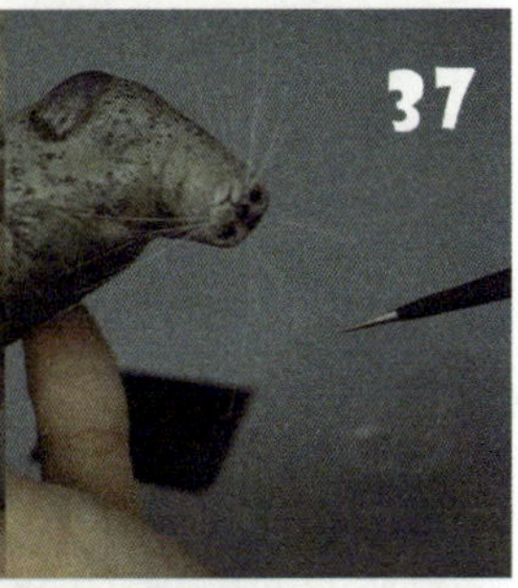
37

- 小心地修剪胡须（图38）。
- 使用镊子轻轻夹住一根胡须并向需要的方向捋，这可以使其弯曲，更贴近自然状态（图39）。

38

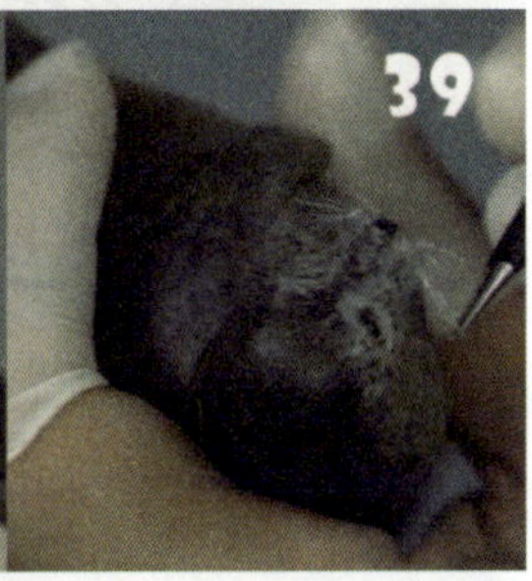
39

- 最后将残留的胶水痕迹用颜料遮盖住。

40

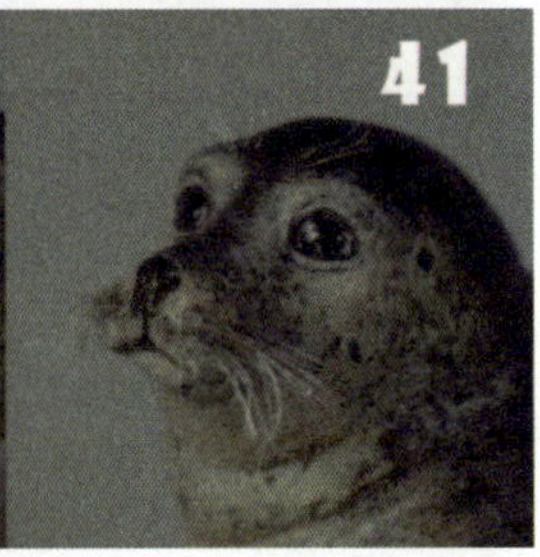
41

6 制作地台

- 地台的基本材质是PVC板材，这种板材易于切割，不易受潮变形。

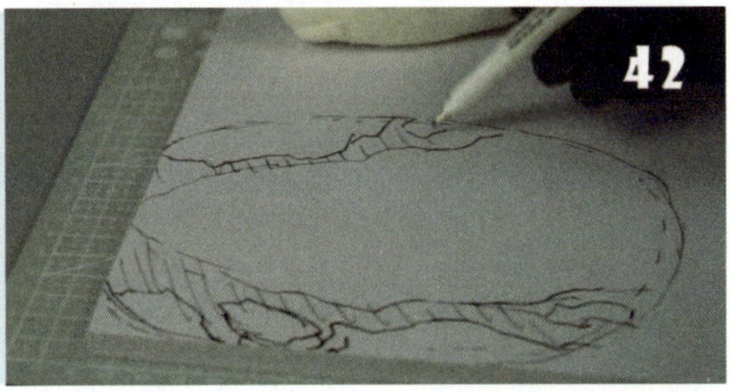
42

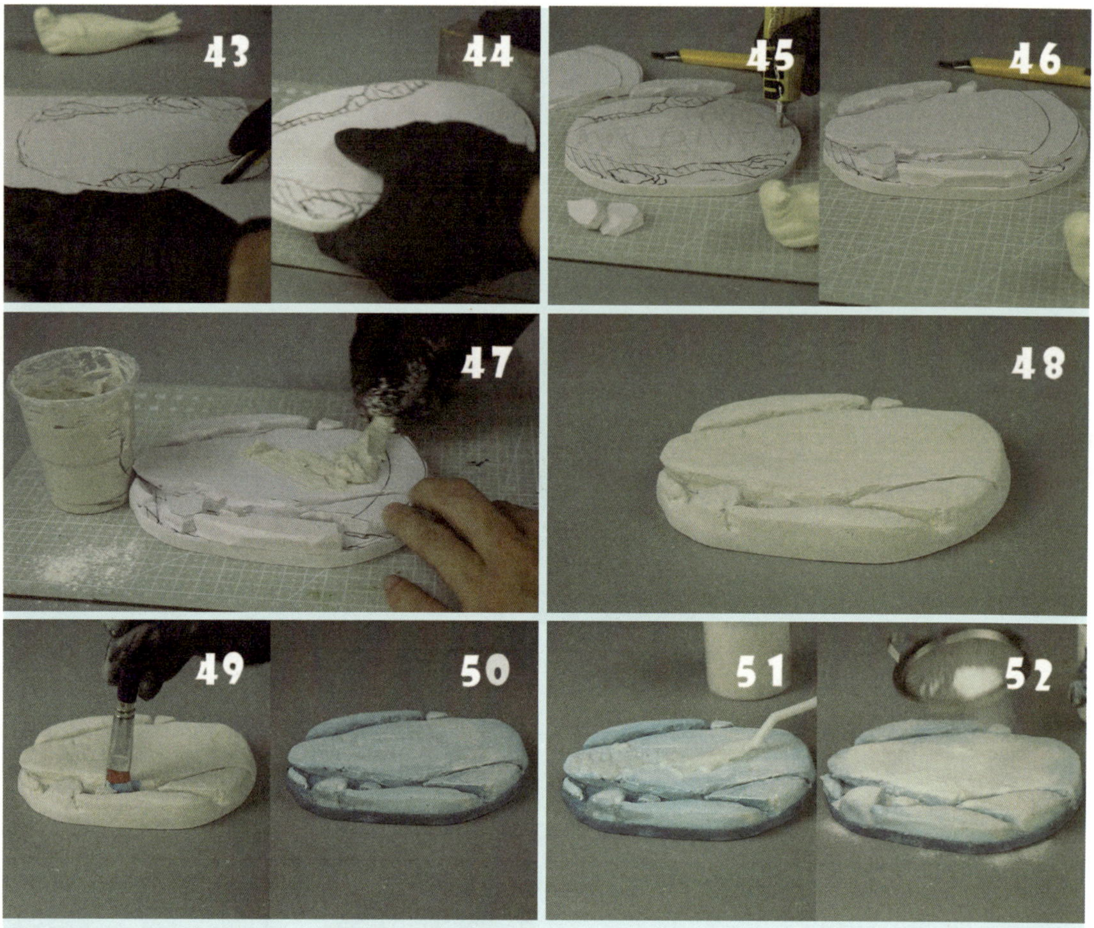

- 图47、图51、图52中出现的分别为制作场景模型使用的地形泥、雪景膏、雪景粉。

- 分别量取适量的A料、B料。这里使用的是AB树脂型造水剂，这种材料的使用方法类似于之前使用的树脂，但配比与固化时间不同。

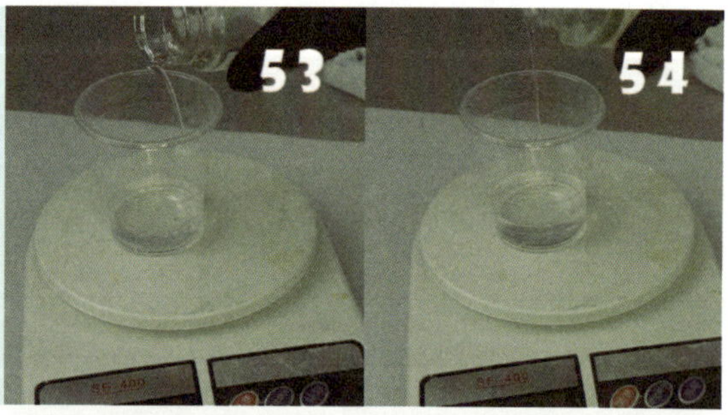

- 充分搅拌，并加入适量的专用调色液。

- 倒入地台，静置足够长的时间，待完全固化后拆除挡板，稍加修理。

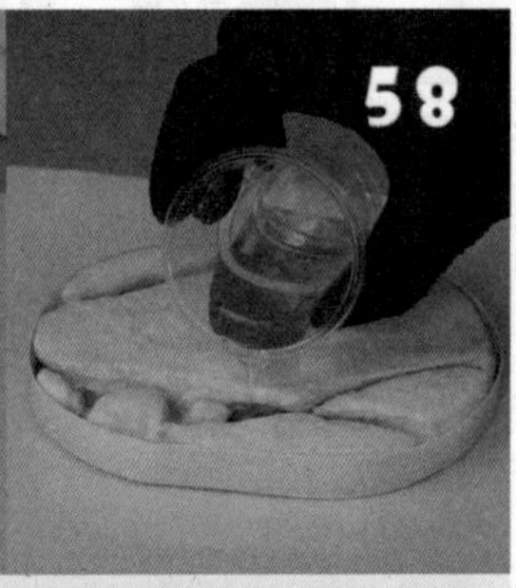

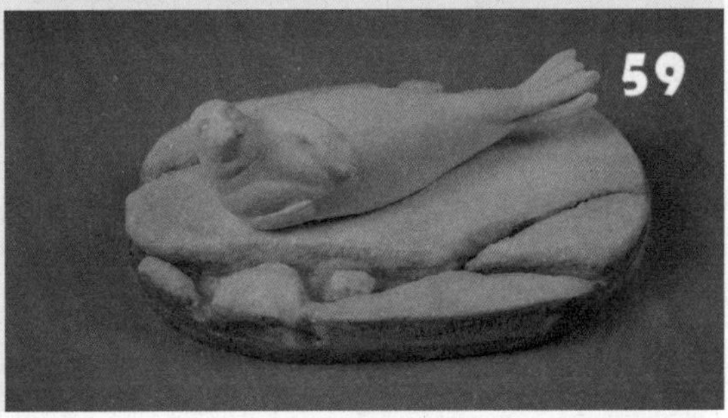

3 使用烘烤型黏土制作手工品

烘烤型黏土可以由里到外逐层制作。其独特的优势，容许我们使用更多样的手法将想法立体化。我认为一件复杂的作品，往往不会只经历一次烘烤。

经历了一些尝试，现在大家已经大致清楚制作流程了。接下来，作者将记录一件稍微复杂的手工品制作过程。这件手工品将以峡湾马为原型，并使用烘烤型黏土制作泥稿。

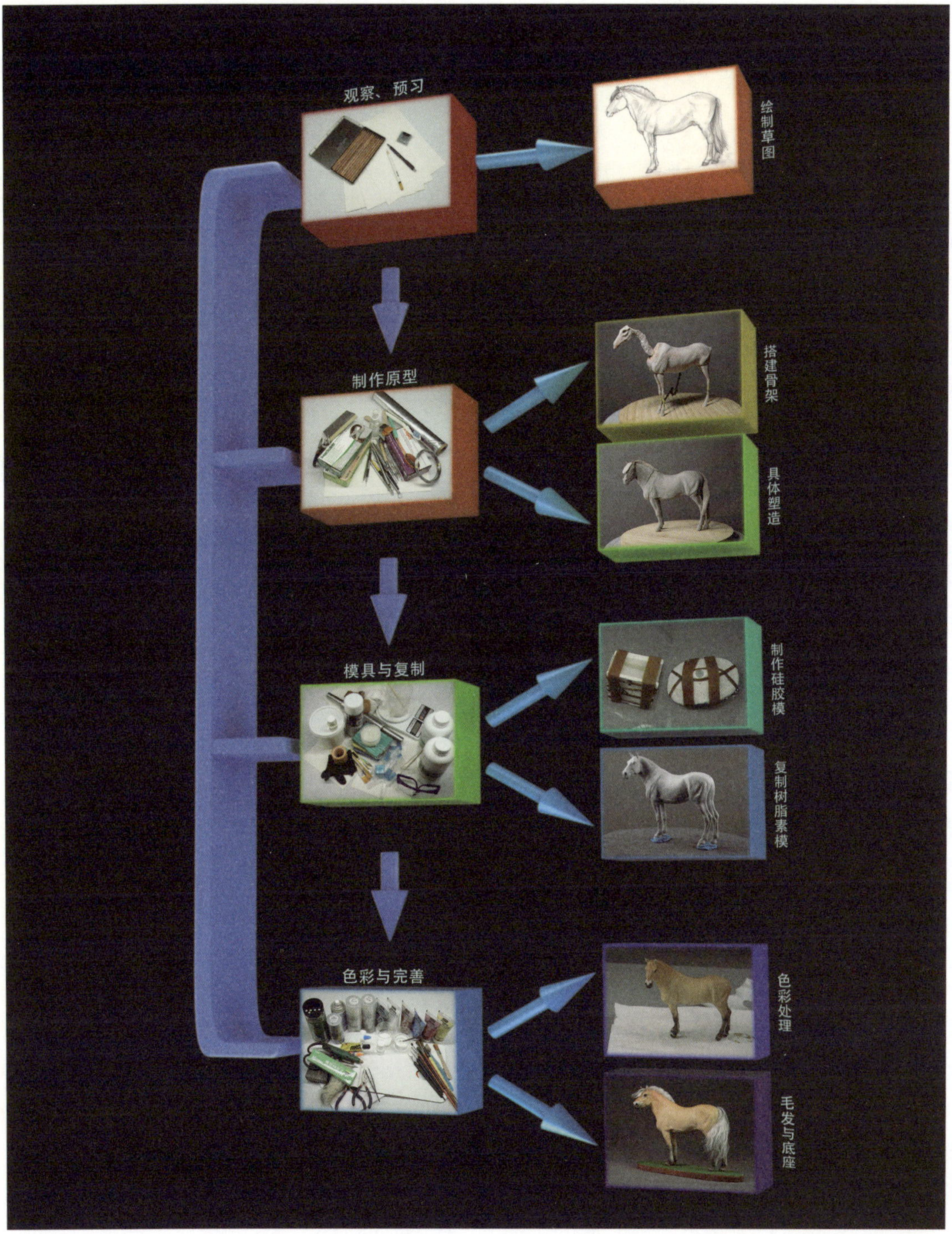

（1）观察与绘制草图

- 在日常生活中多留意、观察动物，尝试找到它们独具的美感，养成观察与分析的习惯。
- 在制作前尝试勾勒一些草图，在这一过程中会不知不觉地关注到更多的结构要点，并形成一种记忆。

这一过程使用的主要工具与材料

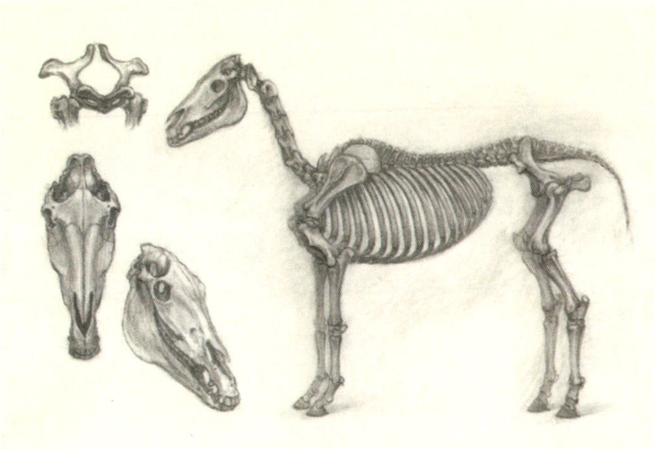

绘制动物的骨骼草图

这有助于更好地了解动物的身体构造。

当一件作品看起来有些奇怪时，很可能是因为作品关节的位置、方向和运动幅度出现了问题。

在接下来的步骤中，生物原本的骨骼将为泥稿骨架的搭设提供参考。

绘制解剖肌肉草图

这些肌肉结构位于皮脂下方，并不会完整地体现在表面，但依然对塑造泥稿有很大的帮助。

由于作者经常制作马科动物，将这两幅草图绘制得稍微细致了一些。

尝试勾勒一些多角度草图

这样可以更加完整地认识动物的形体。

注意顶视图和正视图

这是容易被忽略的。有些动物很难从侧面推测出其他角度的形象，如鹰、隼等猛禽。

绘制出确切的峡湾马侧视图

可以将其缩放到合适的大小打印出来，作为比例参照样板。

发挥想象

不得不说，至今作者都没有机会一睹峡湾马的真容，不过这并不会对制作产生太大影响。在着手制作那些当地难以见到的动物或者濒危物种时，我们可以通过观看活动影像来获取更多的信息。有时候这种介于想象和现实之间的状态别具魅力。

多绘制一些草图

这不一定是完成时的状态，但对制作会有帮助。

别太拘谨

作者不喜欢一开始就计划好最终的状态，因为平面与立体间的转换时常存在一些阻碍。平面图中的美感并不一定完全适用于立体实物。

留意头部和四肢

作者通常将头部和蹄部作为精雕部位，而躯干部分则选择简化，因为作者希望得到一个宁静而放松的整体，而不是强烈的视觉冲击或者精细的表面细节，当然，这也取决于制作者的个人风格。

（2）制作原型

第一部分　搭建骨架

- 泥稿的骨架就像建筑物的地基一样，一个可靠、有力的骨架会让后续的塑造更加轻松。反之，在塑造细节时，很可能因骨架过软而发生局部扭曲，为此不得不抹去一部分已经塑造完成的细节来再次调整大体结构，这在使用偏软泥料时是很常见的现象。
- 下图是本次搭建骨架时使用的主要材料和工具：经典黏土（Original Sculpey）、少量超级黏土（Super Sculpey）、铝箔纸、铝丝、打磨材料，以及一些辅助工具、材料和烤箱。

1 准备内层填充物

- 按照需要的比例打印出一份峡湾马的侧视图，并绘制出所需骨架的大致范围。
- 搭建骨架需要参考真实生物骨骼，但又不完全相同，需要根据实际情况简化。
- 作者将四肢、头部、躯干的骨架提前分开。这样可以使后续的模具制作变得更轻松（更多关于骨架的描述参见第97页）。

- 使用铝箔纸填充躯干。先揉皱铝箔纸再进行包裹会更容易。
- 用力压实铝箔纸。
- 也可以用轻木块等耐热材料代替。

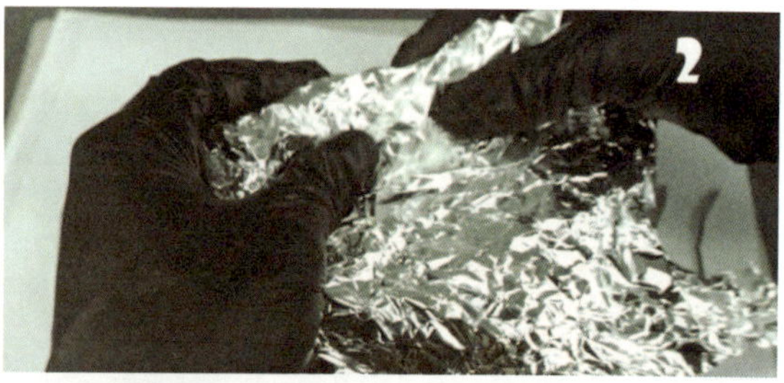

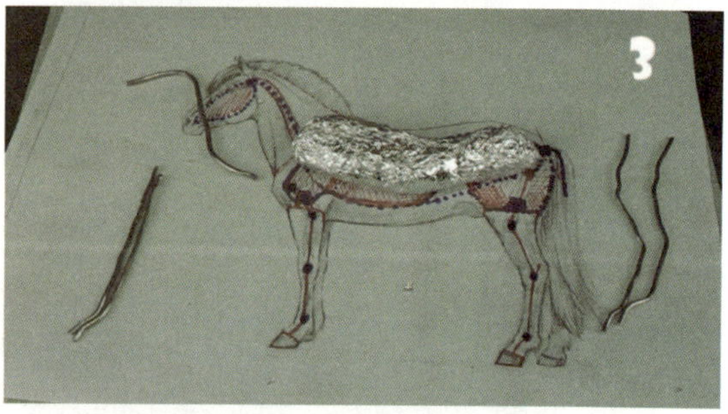

- 如果需要一个更结实的骨架，可将铝线打成多股（图4）。
- 长度不要超过预先设计好的骨架，为后续泥料多留些空间。

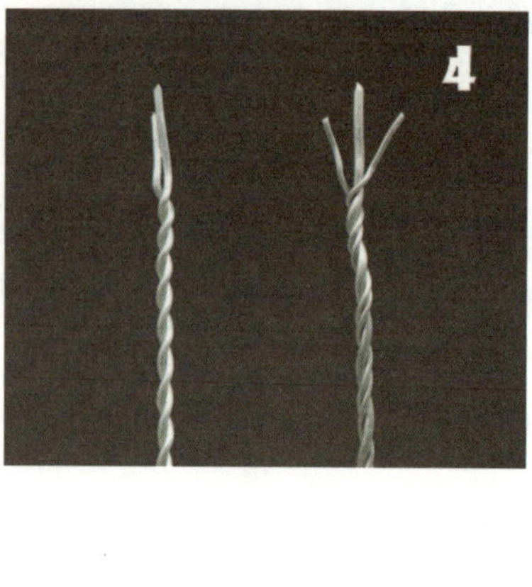

2 制作四肢骨架

- 用棉线缠绕铝线，并用强力胶水固定。单根铝丝的表面过于光滑，这样做可以使泥料更容易附着。
- 使用一根粗铝线和一根细铝线缠绕成股的方式更常见，由于本次制作的生物腿部较细，作者使用棉线代替了细铝线（图5）。

5

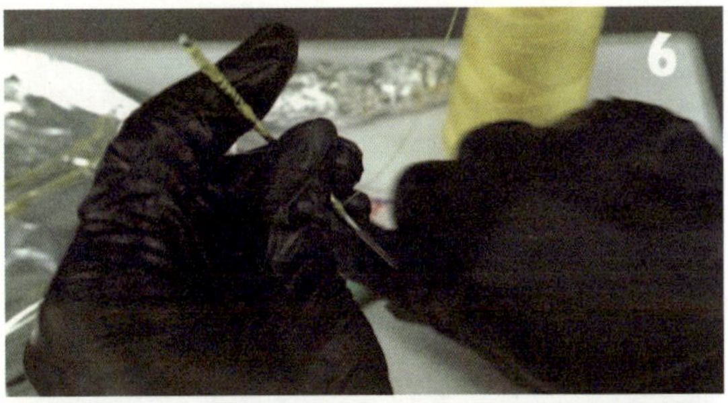

6

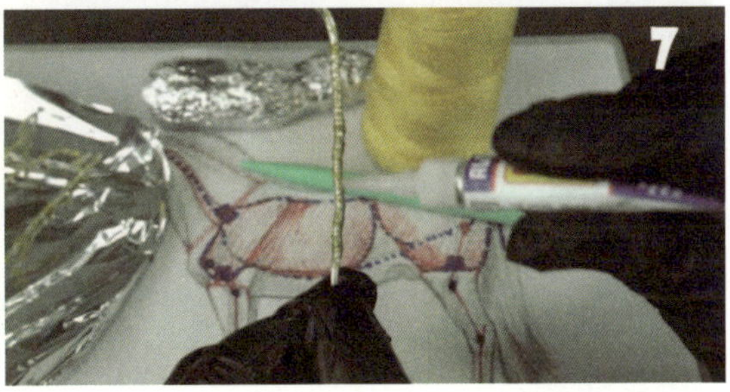

7

3 使用经典黏土包裹

- 为了使每一层黏土都有明显的颜色区分，作者使用了土红色经典黏土，这里也可以直接用超级黏土。
- 这一步还是在制作填充，所以包裹时也不应超过预计的大小（图8）。

8

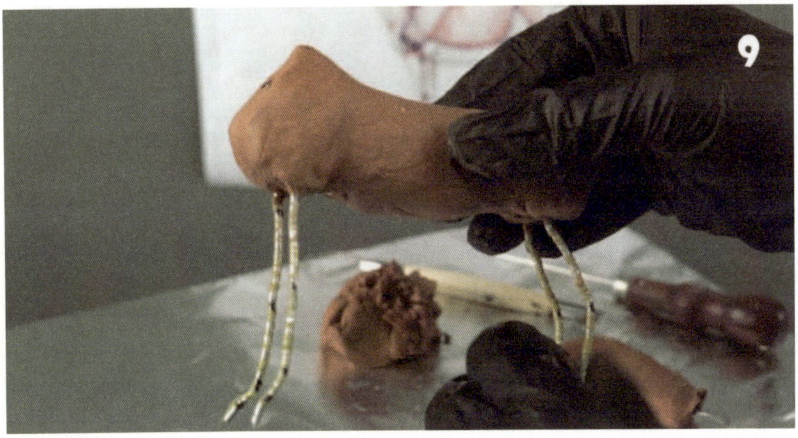

9

4 完成第一层包裹并烘烤定型

- 在使用需要烘烤定型的黏土时，如果黏土包裹得过厚，会导致烘烤不完全，这样可能使定型后的黏土韧性降低，更易损坏。所以作者选择分层制作：逐层包裹、逐层烘烤。

5 开始包裹超级黏土

- 现在，土红色的黏土已经变得坚硬，将它的表面打磨得粗糙一些，可以更好地附着下一层黏土。

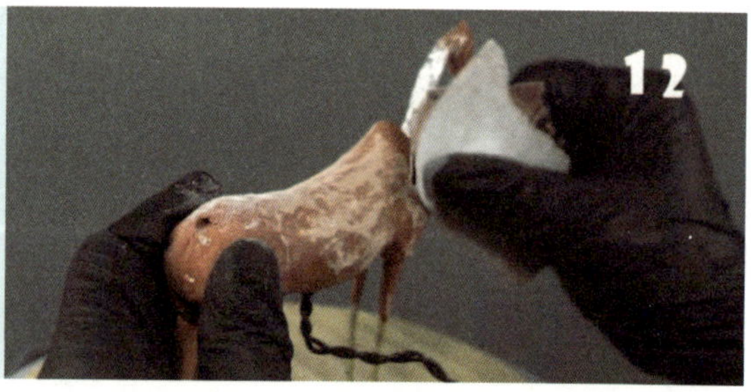

- 不要忘记扫去浮渣。

6 完成躯干填充的最后一层

- 使用偏软的肉色黏土混合偏硬的灰色黏土，以达到最优手感（图15）。

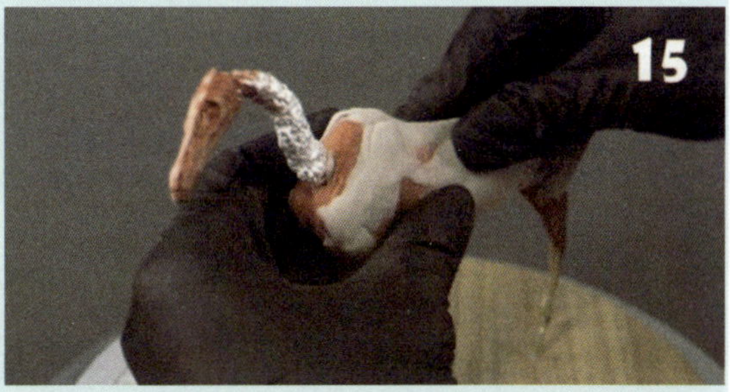

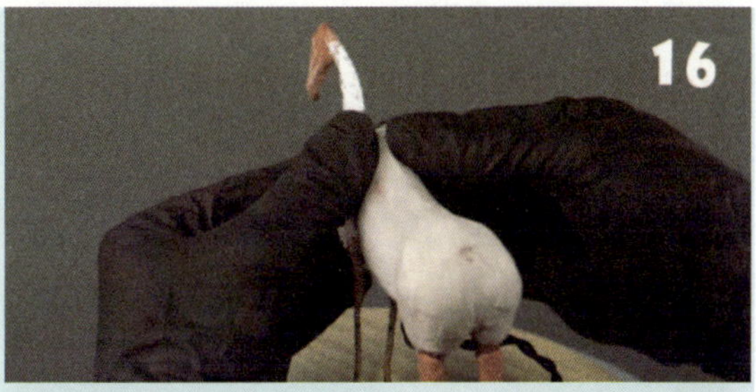

- 将新一层的黏土压实，中间不要留有空气。

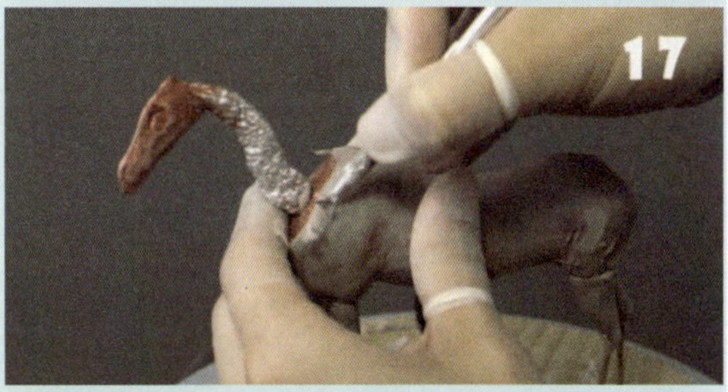

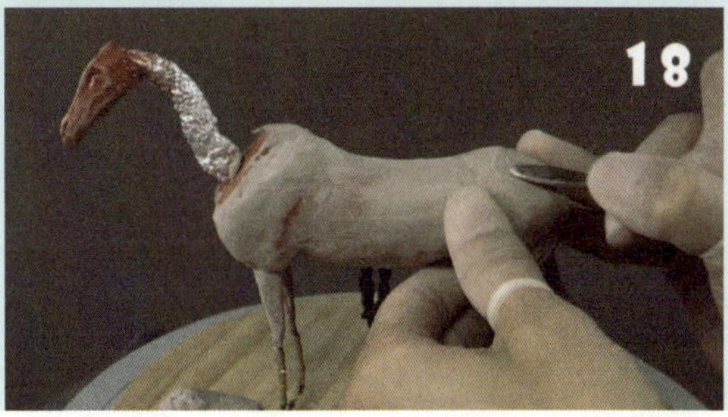

7 制作头部填充

- 为眼球提前留出眼窝。
- 干净的毛笔刷可以扫去刻痕和黏土浮渣。

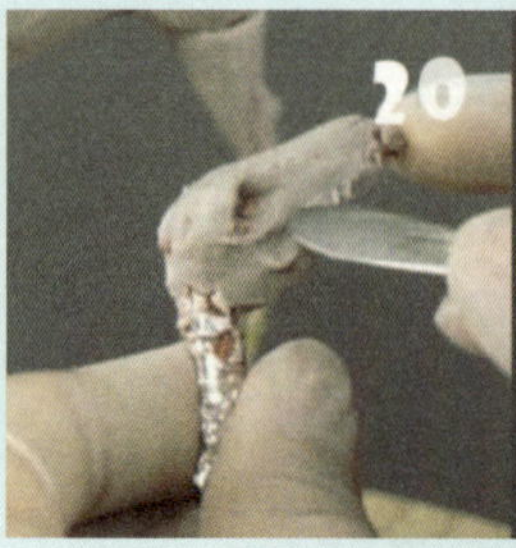

8 定位尾部

- 作者计划用植毛的方式制作尾巴，所以提前预留出接口即可。

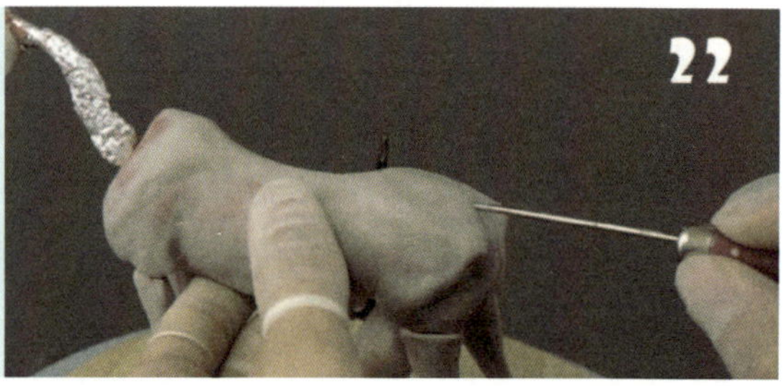

9 烘烤定型

- 进行烘烤定型。

10 制作蹄部填充并烘烤

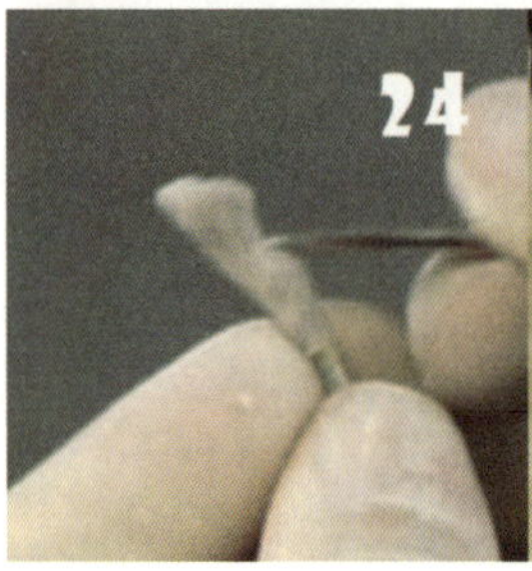

- 蹄部细节较多，先给予一个稳定的填充。
- 注意腿部动态。

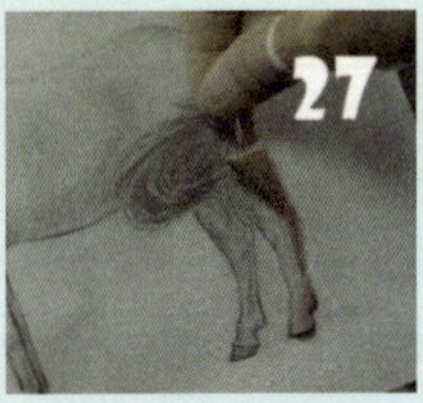

第二部分　具体塑造

- 有了可靠的骨架后，可以放心地去塑造具体形象了。
- 下图为本次使用的材料和工具：超级黏土（灰色/肤色）、几种常见的雕塑工具、绘画笔刷、牙刷、美工刀、海绵砂块、医用酒精和烤箱。

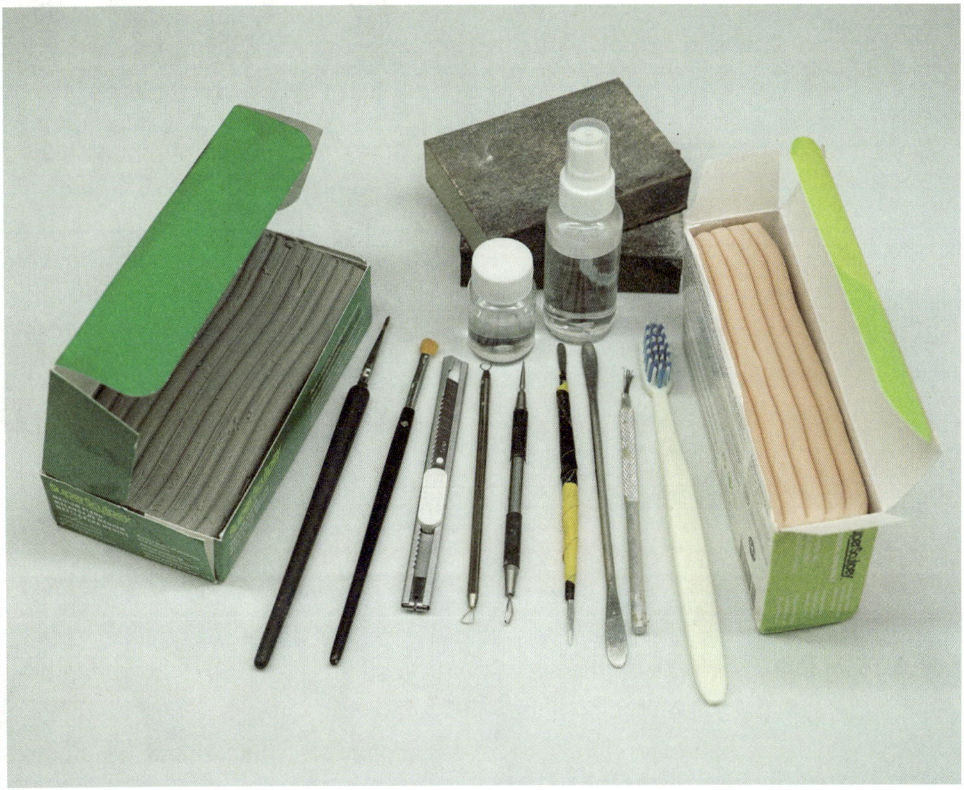

1 再次使用黏土包裹躯干

- 对躯干部分进行全方位包裹并将黏土压实。
- 不必急于塑造躯干的细节。

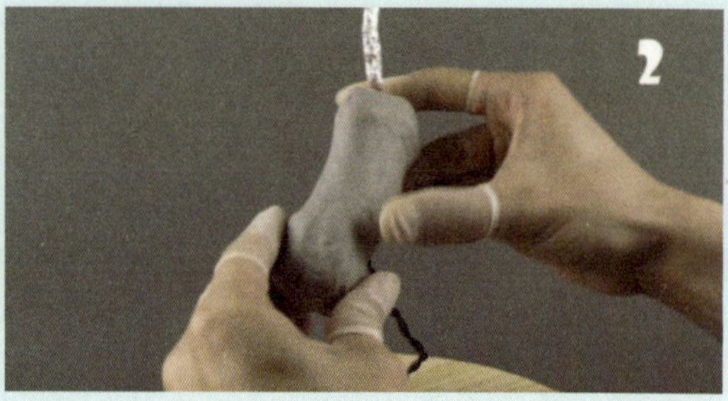

2 开始制作头部

- 使用黏土包裹后，塑造出大致的头部几何形体。
- 注意下颚、头骨正面等易忽视的结构。
- 黏土不需要一次性包裹过厚。

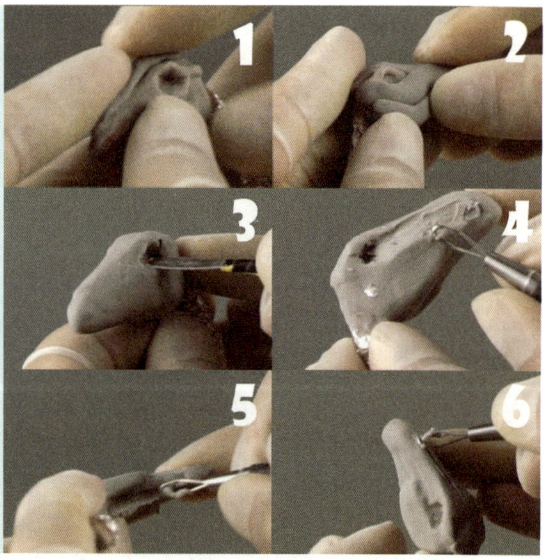

3 制作耳朵、烘烤定型并与头部组装

- 单独制作耳朵听起来很奇怪，但基于超级黏土可以反复烘烤的优点，我们可以提前制作这些细小零件并

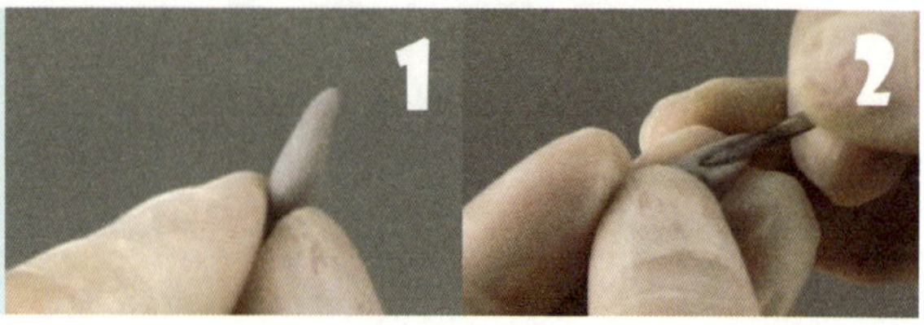

烘烤定型，然后再拼接到主体上，这种做法可以减少制作过程中由于误触导致的细节损失。（右图中“牛仔”的多数配件便是使用了这种做法。）

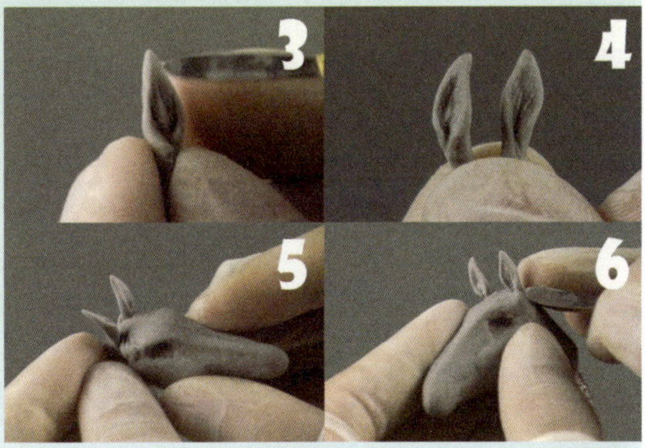

4 调整头部结构

- 将五官的位置及其大致形状塑造出来。
- 注意面部肌肉的走向。

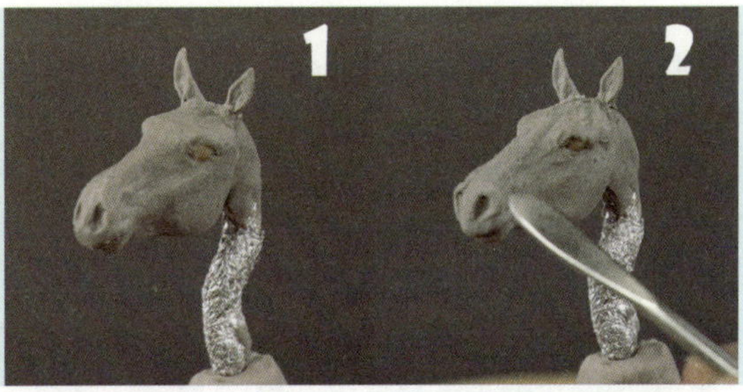

5 细化头部

- 图3、图6中的笔刷蘸取了少量稀释后的酒精，用于柔化表面刻痕。

- 即使是动物也会有面部表情，在不同的情绪、运动状态下，五官也会随之变化，例如，马在奔跑时鼻孔会更为扩张（图7、图8）。
- 作者计划制作一匹站立的峡湾马，所以需要一个安静、可靠的面部。

6 烘烤，完成头部塑造

- 特别注意头部的正面，正面看起来过于宽厚的头部，会显得比较笨拙，缺乏精神。在制作动物头部时经常会执着于侧面的刻画而忽略了对正面的把控。
- 头部是哺乳动物最具神态的部分，完成满意的头部制作意味着作品已经完成了一半。

7 开始制作四肢

- 将单独的马蹄制作出来并烘烤定型。

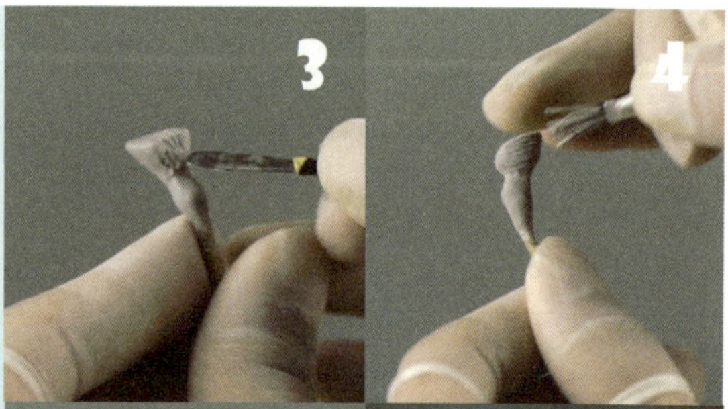

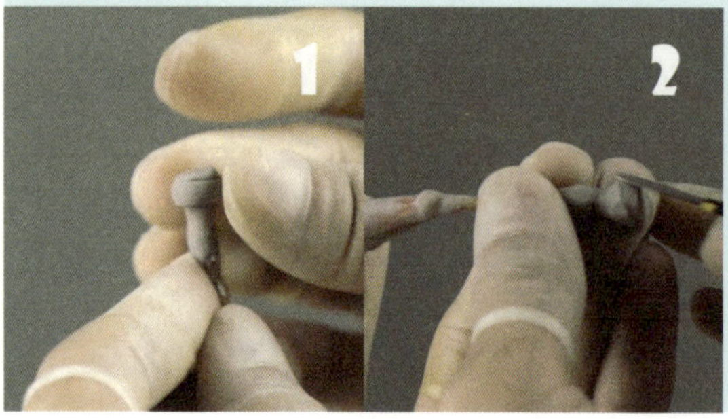

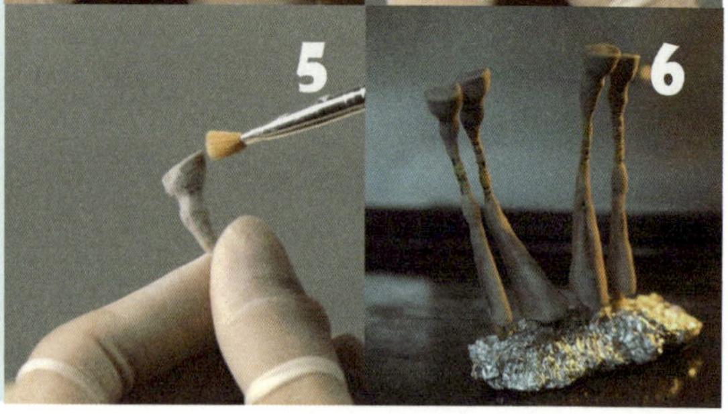

- 由于计划添加一个长期粘贴牢固的底座，马蹄底部的细节或许不是非常重要。

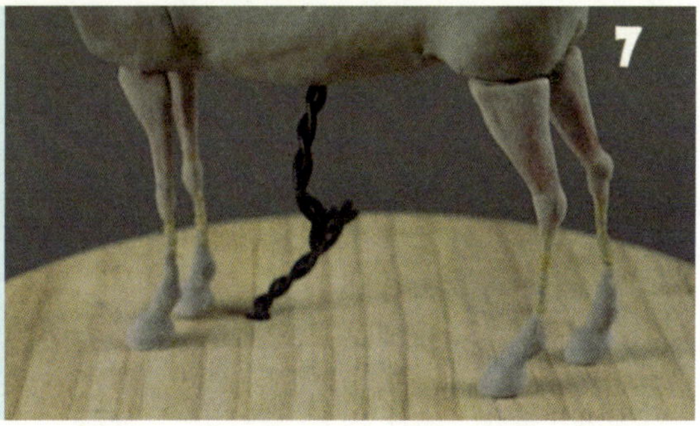

8 调整最终动态，并包裹剩余部分

- 调整了几次动态后，作者决定使用第三张，虽然是安静的站姿，但可以更好地体现出小型马身材的特点。
- 加上简易的马鬃和马尾查看身体比例是否协调。

9 回到四肢制作中并将其细化

- 图 1 中的红色区域是蹄冠及边毛的位置，由于马蹄已经提前定型，这里的塑造就变得轻松很多。
- 图 2 中的红色区域是膝关节，在毫无头绪时，可以尝试从这里开始塑造。

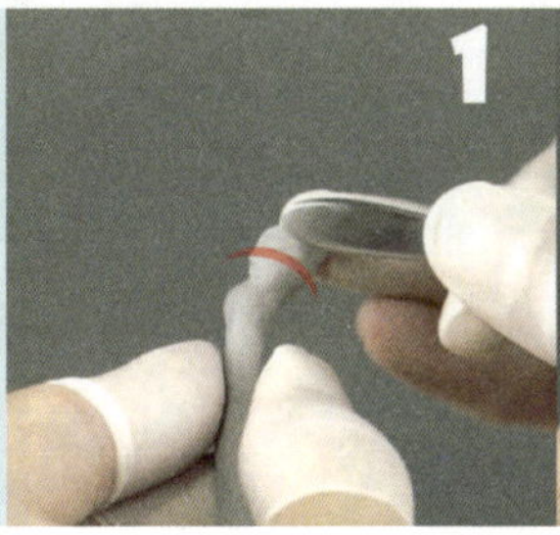

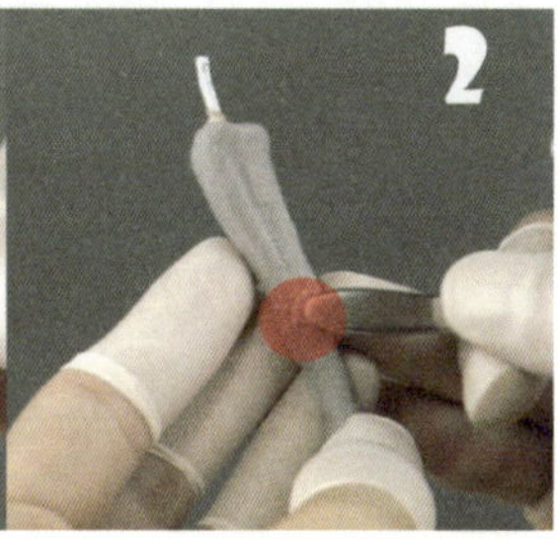

- 完成全部四肢的细化，并烘烤定型。

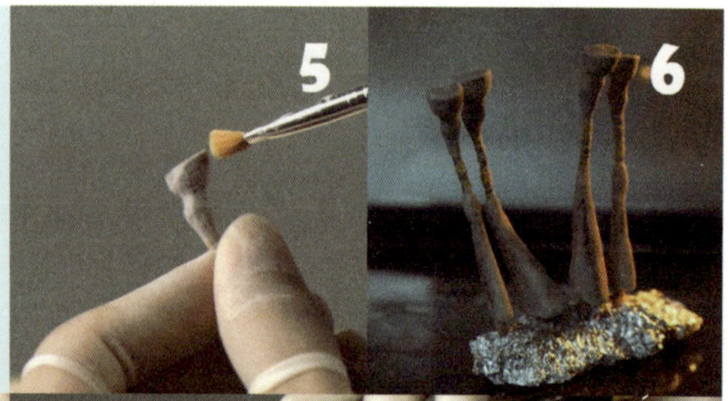

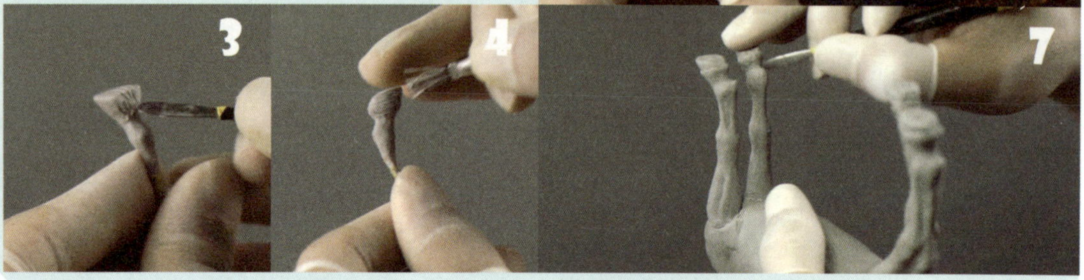

- 对定型后的腿部稍加打磨。

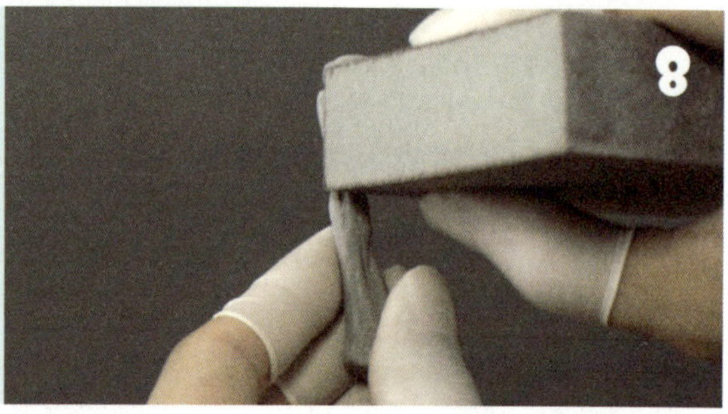

10 定型颈部的第一层黏土

- 尽可能将第一层制作得薄一些。

- 为后续粘贴马鬃预留凹槽，并烘烤定型。

11 完成颈部塑造并烘烤定型

- 注意颈部肌肉与脂肪的分布。

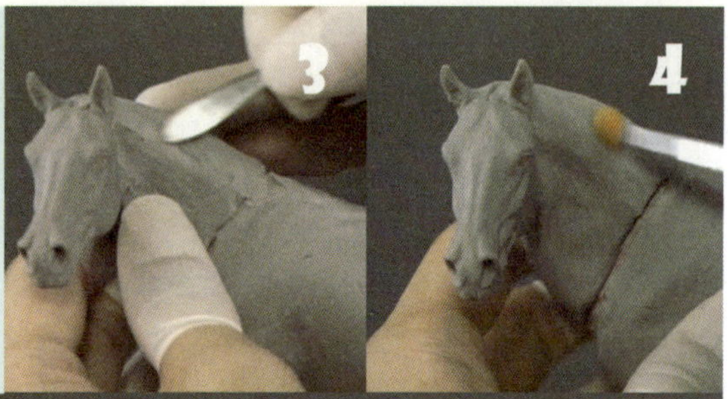

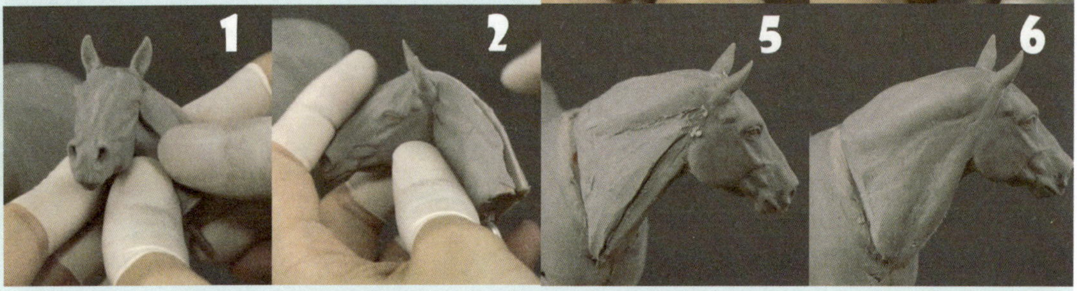

- 当头部侧转时，颈部左右侧的肌肉拉伸、脂肪叠压、皮毛褶皱会有所不同。
- 实际上，图1~10的步骤是同时进行的，即左右侧对比塑造。

12 塑造躯干部分

- 当不知所措时，不要放弃，先尝试雕刻出最明显部位的肌肉走向，再沿着这些区域向外寻找结构。作者通常会先刻出胸、肩、臀部的肌肉（图2），这些肌肉是比较发达且明显的。

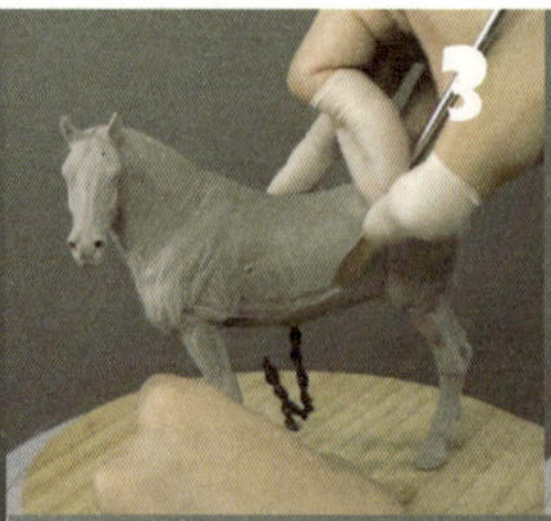

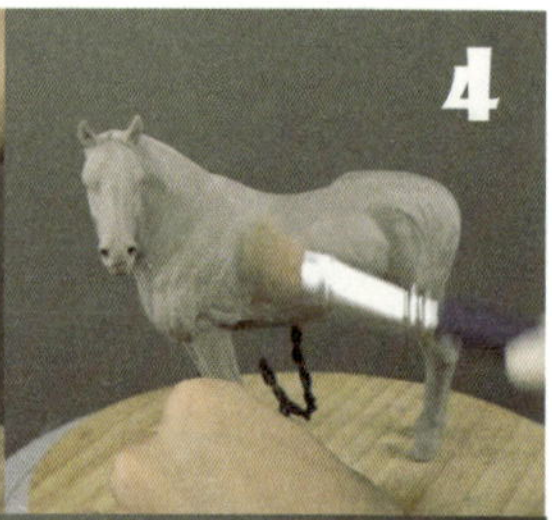

- 经常在不同的光源下观察肌肉轮廓，这样可以更全面地观察泥稿（图5）。

13 弱化、柔化躯干部分

- 作者不建议过于强调肌肉感，即使是在制作“马”这种健美的生物时。先刻画肌肉结构再进行弱化，这就像真实情况下的皮与脂肪自然包裹着肌肉一样。
- 牙刷和蘸有酒精的毛笔刷是很好的柔化工具。

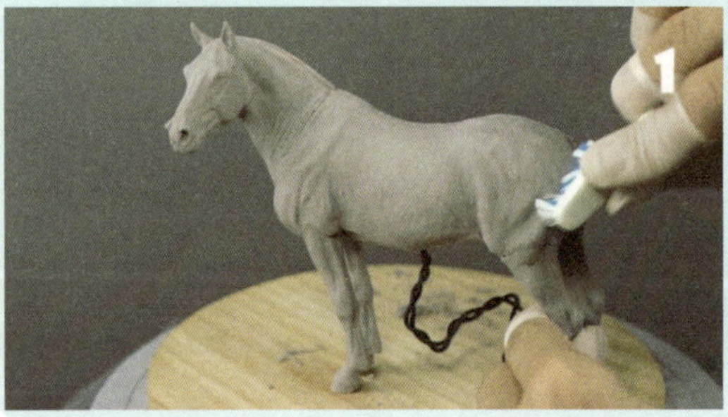

14 烘烤定型，并稍做处理

- 作者在四肢、头部与躯干的接缝处填补了一些新的黏土，所以需要与躯干一并再次烘烤定型。在制作大幅度动态时，可以在烤箱内搭建耐热支架辅助固定。

- 使用质地偏软的海绵打磨块来处理表面，去除一些过于凸起的雕刻痕迹。

15 最终检查，完成泥稿制作！

- 再次加上可拆卸的简易马鬃、马尾，做最后一次多角度检查。

（3）制作模具并复制

- 本节将继续记录“峡湾马”模具制作过程。与前篇“斑海豹”简易模具制作不同，在本节中作者将制作略微复杂的模具，这些模具将由多个部件组合而成。
- 不同大小、形状的原模所对应的制作技巧也略有差别。所以作者将实录两种模具制作技巧。虽然制作模具的原理大致相同，但合适的技巧可以帮助我们减少失误，节约原料和时间。
- 下图红色区域的头部、四肢将使用一种较为简单的方法，即适用于较小体积原模的模具制作（61页始）。
- 蓝色区域的肢体部分将使用另一种相对烦琐的方法，即适用于较大体积原模的模具制作（68页始）。
- 模具制作是比较枯燥的部分，没有过多风格化的创作，需要按照一定的步骤来进行，一旦遗失某一环节，就可能带来意想不到的麻烦。

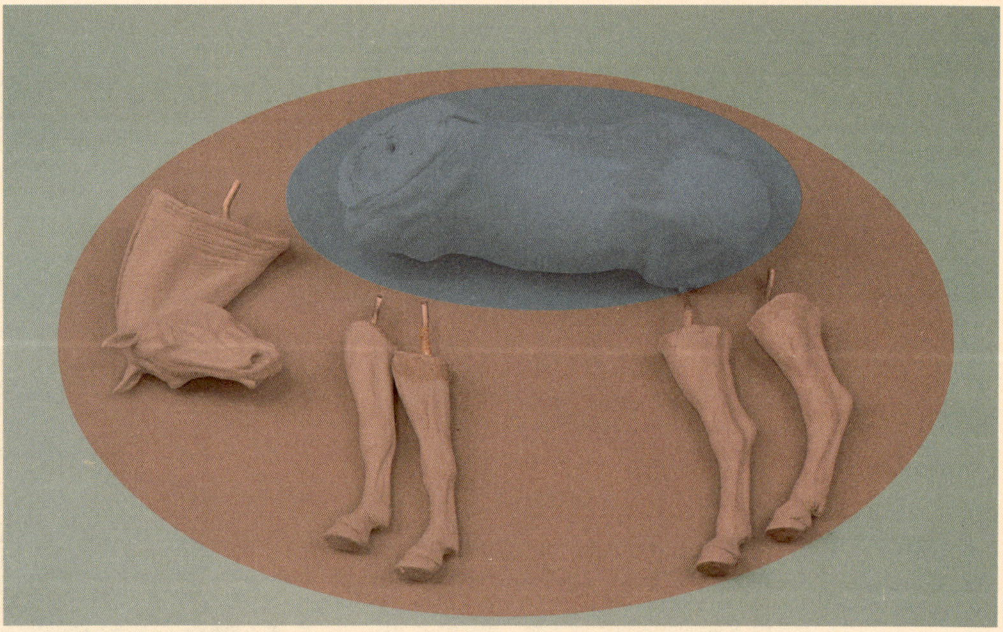

主要材料与工具

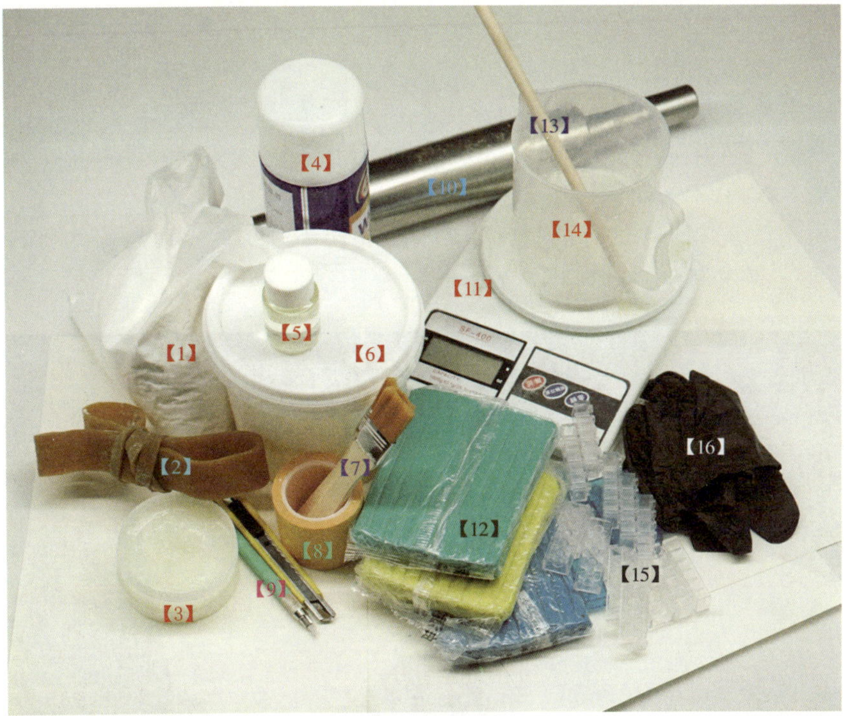

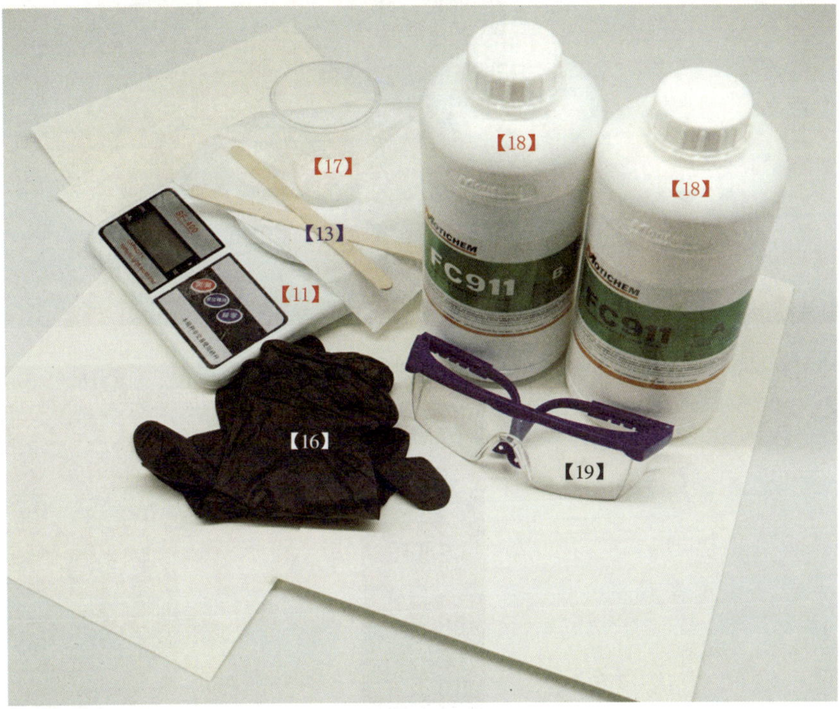

【1】石膏粉

【2】皮筋

【3】凡士林

【4】离型剂

【5】硅胶固化剂

【6】硅胶原料

【7】刷子

【8】遮盖胶带

【9】工具刀

【10】擀泥杖

【11】电子秤

【12】工业橡皮泥

【13】搅拌棒

【14】结实的容器

【15】翻模积木

【16】防护手套

【17】塑料杯

【18】AB树脂

【19】护目镜

方法一　使用硅胶、石膏板制作模具（适用于较小体积的原模）

模具组成部分

- 这是一张理想化的三维预览图，可以更加清晰地看出模具的各个组成部分。
- 质地较软的硅胶模具便于取出原模和复制件，质地较硬的石膏板则可以提供支撑，减少硅胶和复制件变形。
- 使用类似树脂这样的流动液体材料进行复制时，注料口是必不可少的，而用固体材料诸如使用AB补土、黏土等压制复制时则不需要。

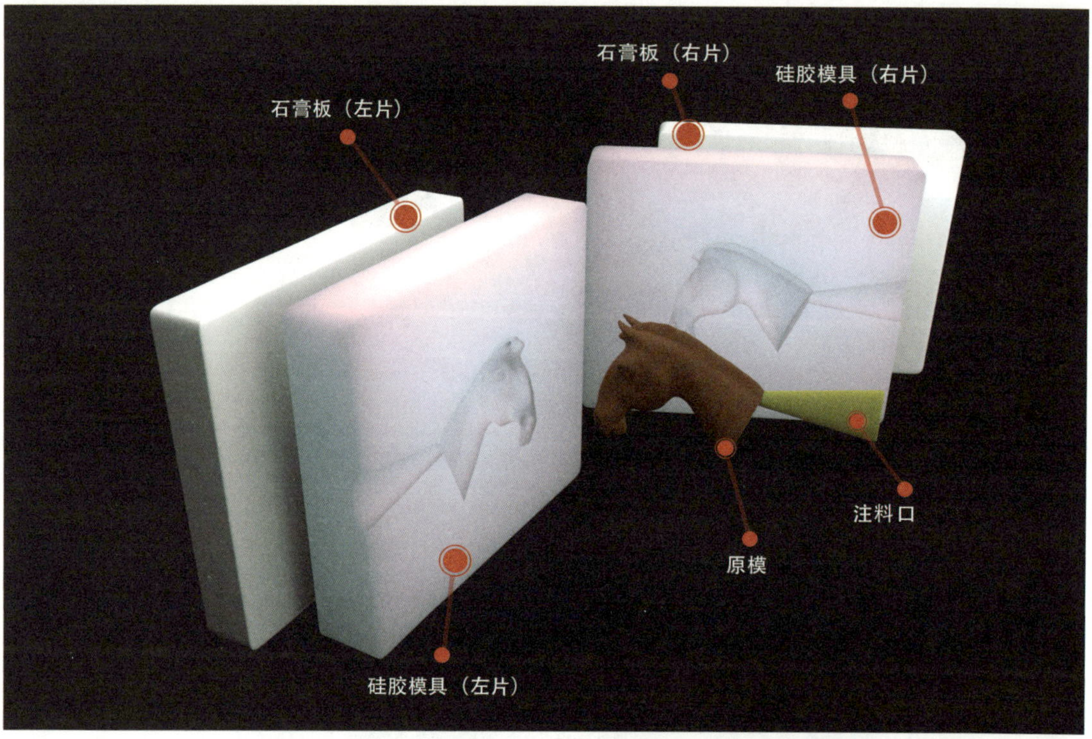

- 右图为树脂在透明模具中成型的三维示意图。注料口尽量连接在原模细节较少的最高点。

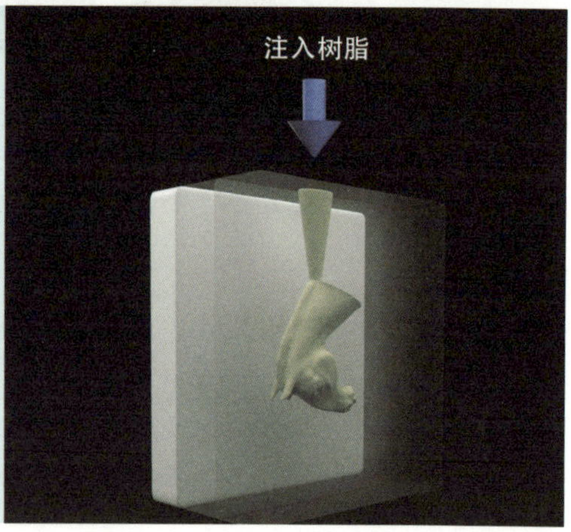

制作实录

1 检查原模

- 作者在翻模前喷上一层底漆（水补土）来检查瑕疵，并做了一些轻微打磨。

2 计划模具

- 将原模看作简单的几何体来估计模具的体积。图中蓝色箭头是原模各凸出部分至模具边缘最短的距离，这个距离不可过短。简单而言，预留足够的空间。

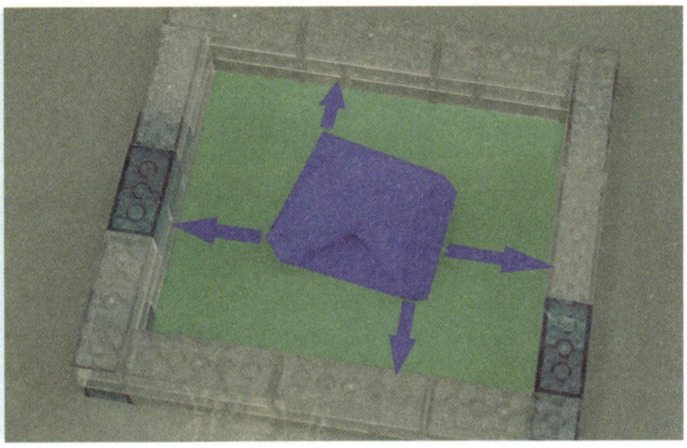

3 制作反射模

- 图中的泥料依然为工业橡皮泥，制作反射模的材料并不唯一，但须易软化、不易风干且不与原模及硅胶发生反应。
- 积木框架可以使用不与硅胶发生反应的板材代替，如ABS板、亚克力板、PVC板等，但积木可以重复利用，更为灵活。同时作者使用了胶带纸遮盖积木间的缝隙，流动性较好的硅胶如果渗入这些缝隙将不利于拆除积木框架。

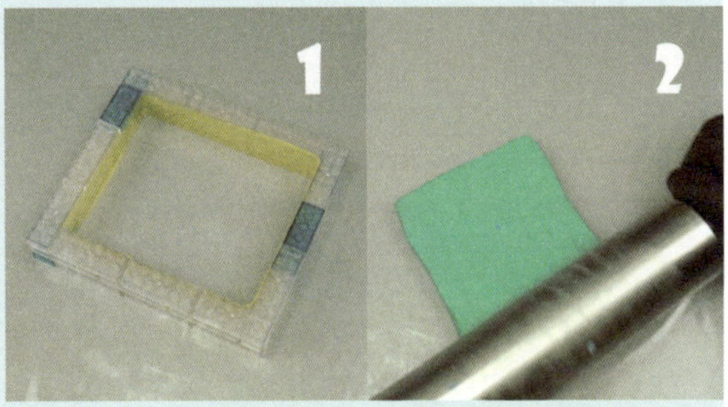

- 压实橡皮泥并用其填满积木框架的缝隙。

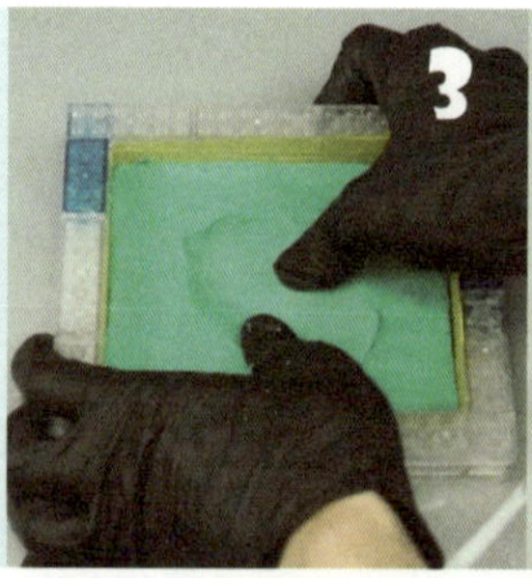

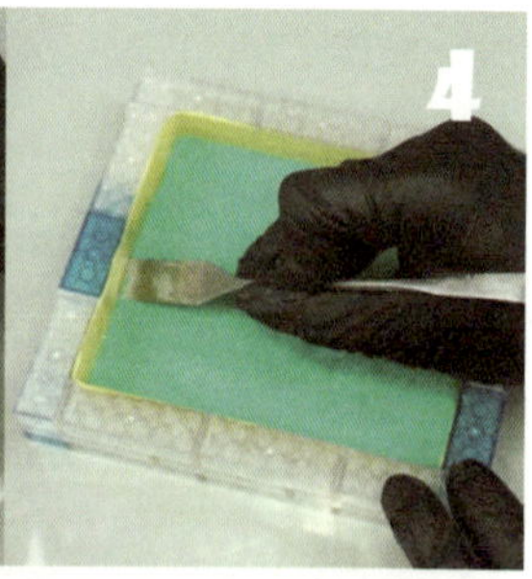

- 为原模喷一层离型剂，便于后续拆除反射模（图5）。

- 将原模用橡皮泥包裹一半并修抹平整（图6~8）。

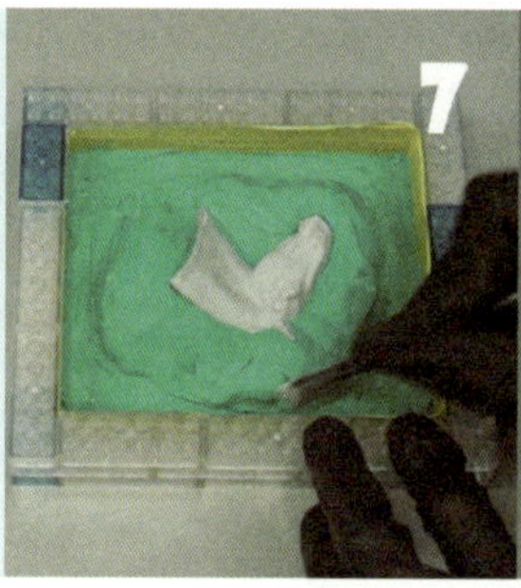

- 添加注料口（黄色橡皮泥），这是灌注树脂的开口，大致呈漏斗形，便于倾倒树脂（图9~11）。

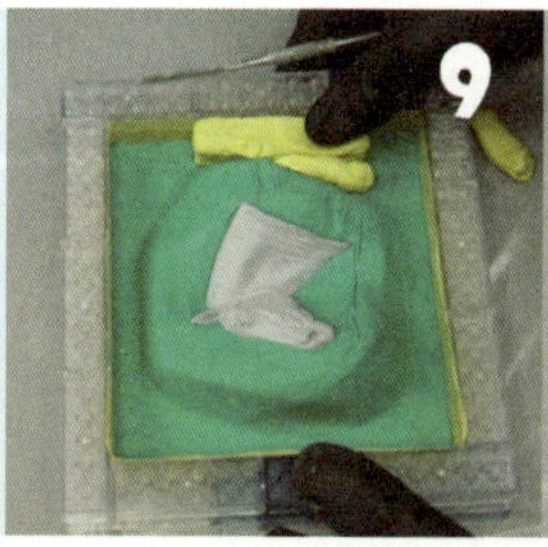

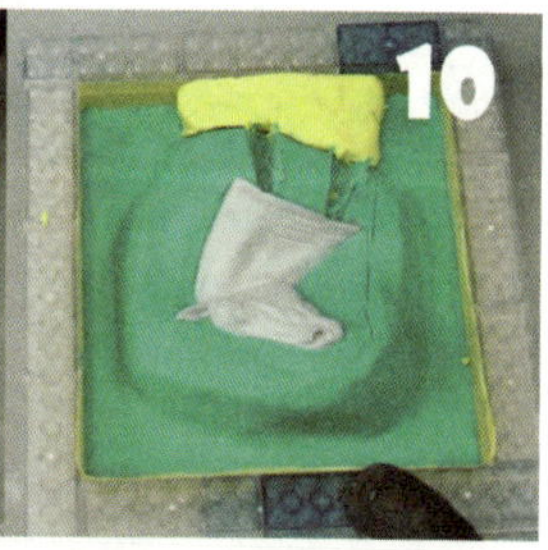

- 添加流道，这些流道（黄色橡皮泥）可使树脂浇筑得更充分。在一些尖锐的凸出部分设置一些这样的流道，可减少因气体未能排出而产生的气坑（图12）。

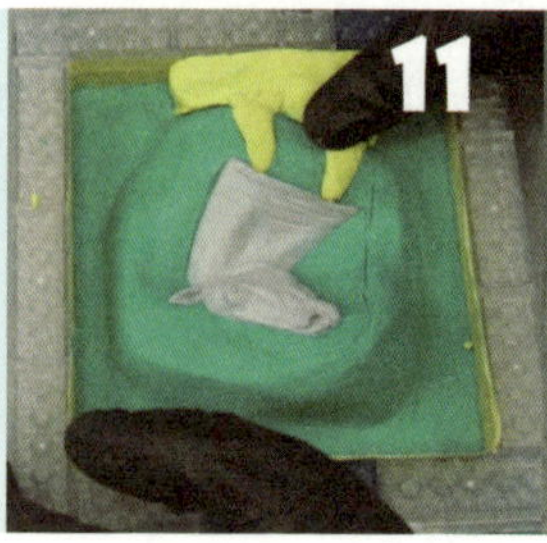

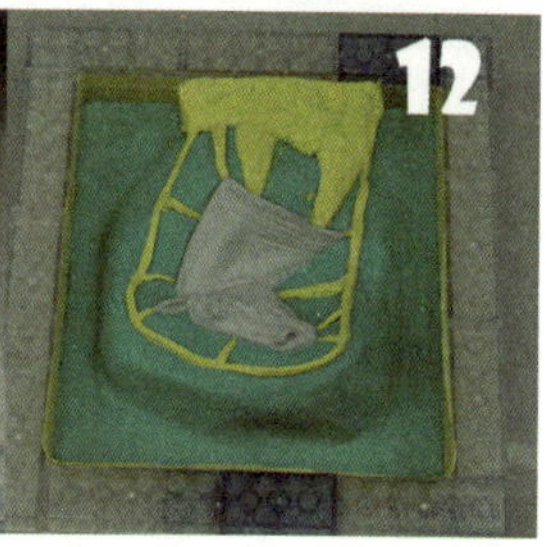

- 为反射模添加一些定位孔，这些大小不一的孔洞可以使两片模具更容易对齐，避免出现较大的错位（图13~15）。
- 完成这些工作后，不要忘记查看积木框架立面的高度，这个高度要足够高，因为这个框架要盛装后续的硅胶层以及石膏层。为此作者继续垒加了几层积木（图16）。

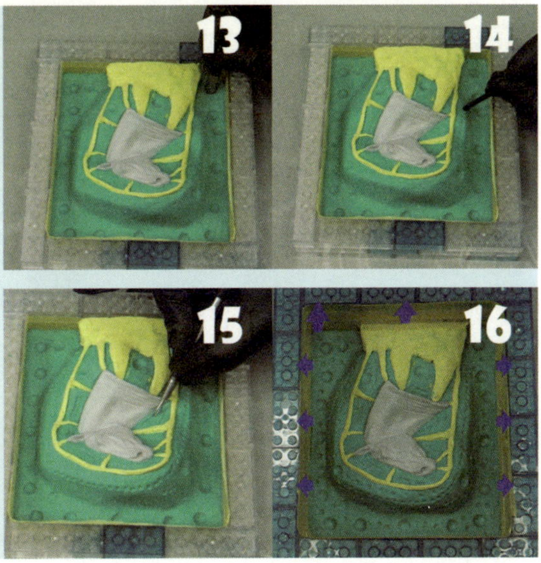

4 制作第一片硅胶模具（左片）

- 硅胶的调配方法及注意事项详见第25页。
- 当原模表面细节较多、硅胶流动性较差、固化时间较短时，可以蘸取少量充分搅拌后的硅胶，均匀地涂抹在原模表面，再倒入剩余硅胶。这种做法可以减少硅胶与原模间的气泡，使硅胶更充分地覆盖细节（图2~4）。

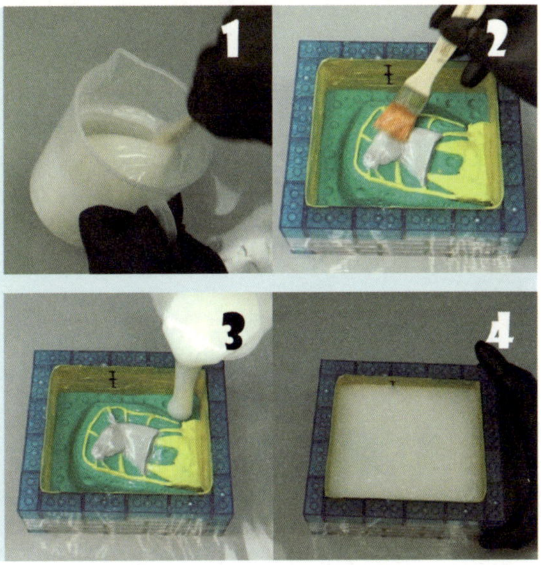

5 拆除反射模

- 现在，硅胶已经完全固化，缓慢地拆除工业橡皮泥。特别注意类似耳部这样的凸出部分。
- 在这一过程中，尽量将泥稿原模、注料口及流道留在硅胶模具中。

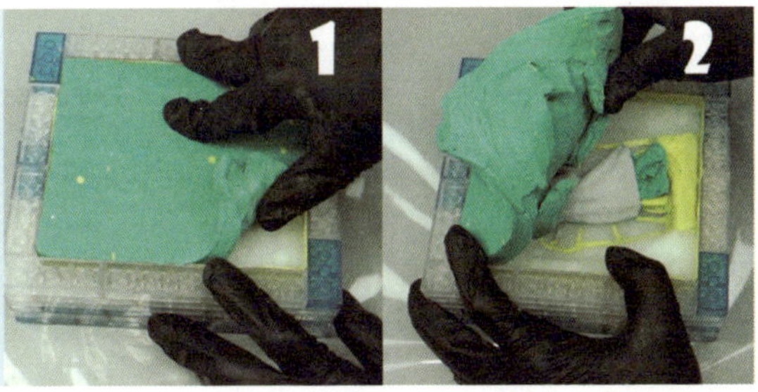

- 反射模与原模接触的地方偶尔会出现缝隙，尚未固化的硅胶会沿着这里形成一些凸起，将其修剪掉，如图3所示。

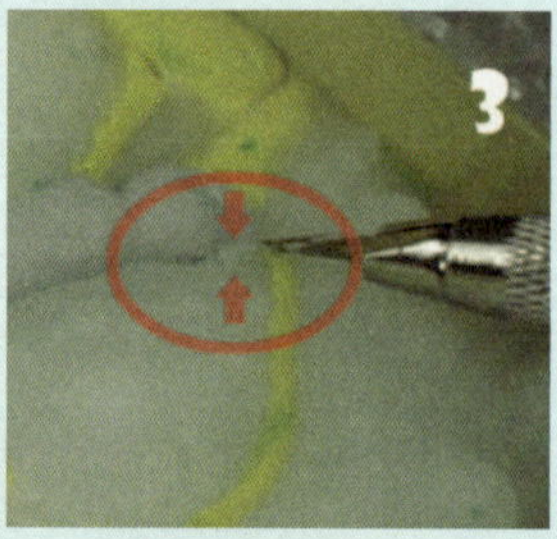

- 最后用干净的刷子扫去浮渣。

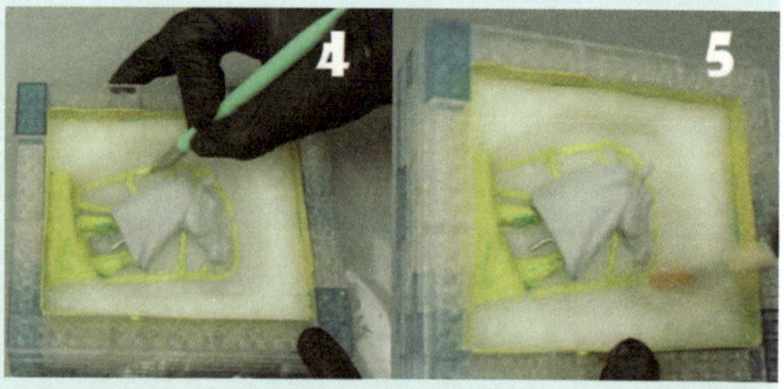

6 制作第二片硅胶模具前的准备工作

- 为第一片硅胶模具涂抹凡士林或其他隔离剂（图1），这看起来微不足道，但却十分重要。当两片硅胶模具间没有隔离剂时，模具会粘连成完整的一片，无法分离，反射模的制作也将失去意义。
- 查看这一面的积木框架是否足够高（图2）。

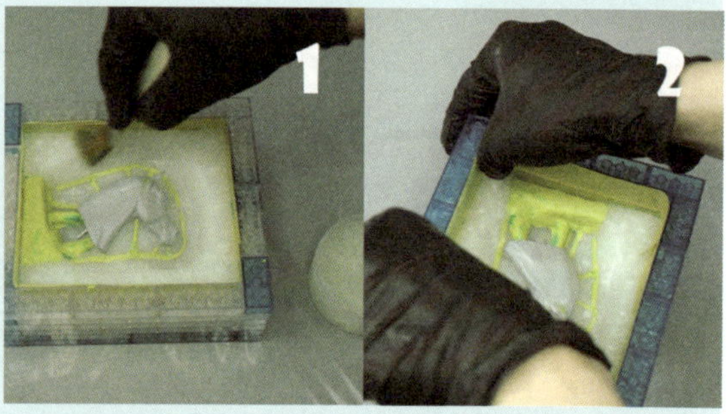

7 制作第二片硅胶

- 与制作第一片的方法一样，调配并搅拌硅胶。

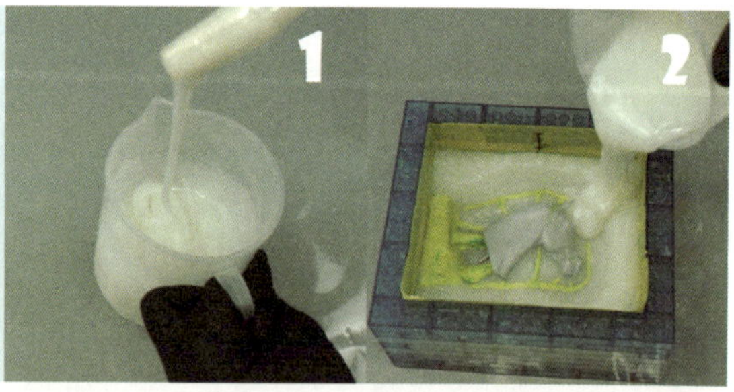

- 倒入模具框架。等待硅胶完全固化。

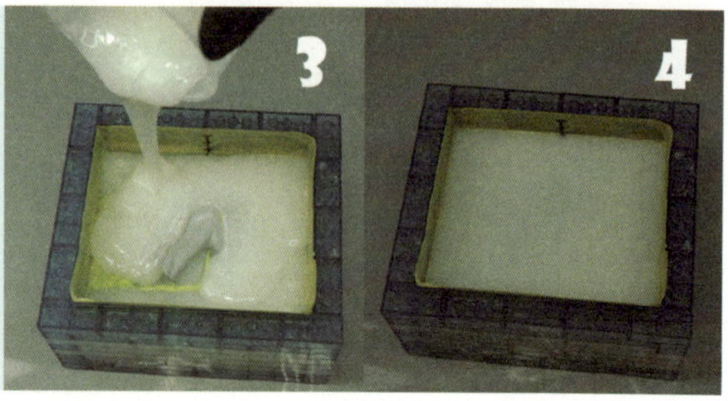

8 制作石膏板

- 先量取适量的石膏粉，根据石膏粉的重量估算出所需水的重量（本次使用的石膏粉与水的重量比为100：35）。
- 将石膏粉倒入水中搅拌，如果粉量较大需要边搅拌边倒入。
- 特别注意不要将水倒入石膏粉中，这会出现许多未搅拌均匀的石膏粉颗粒，使得石膏粉与水不能充分反应。

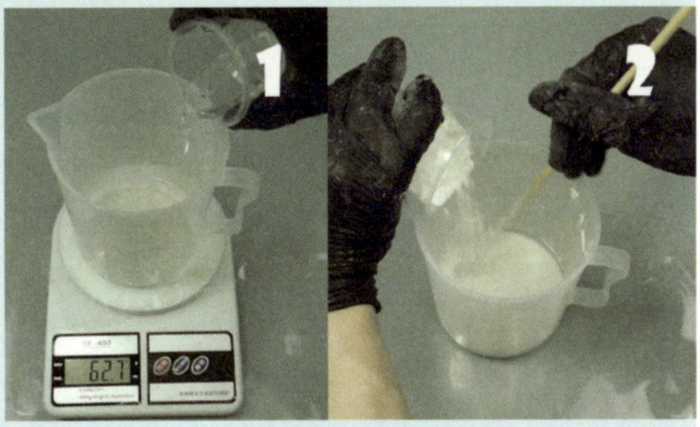

- 在浇筑石膏的过程中，可加入一些网格布来加强石膏板的强度和韧性。

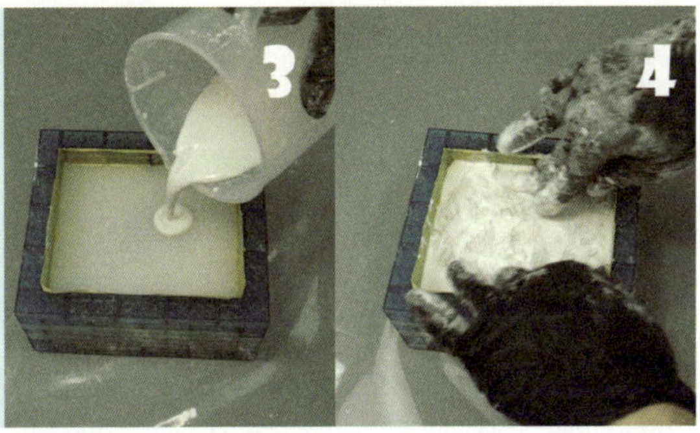

- 将石膏板表面抹平整些，等待完全固化。
- 待这一面石膏板完全固化后，用同样的方法制作另一面。
- 需要注意的是，因这次制作的硅胶模具比较厚，所以选择在两片硅胶模具都制作完成后再做石膏板，如果硅胶层比较薄，可以在制作完一面硅胶模具且未拆除反射模泥料时就加上这样的石膏板作为支撑，以防止模具变形。

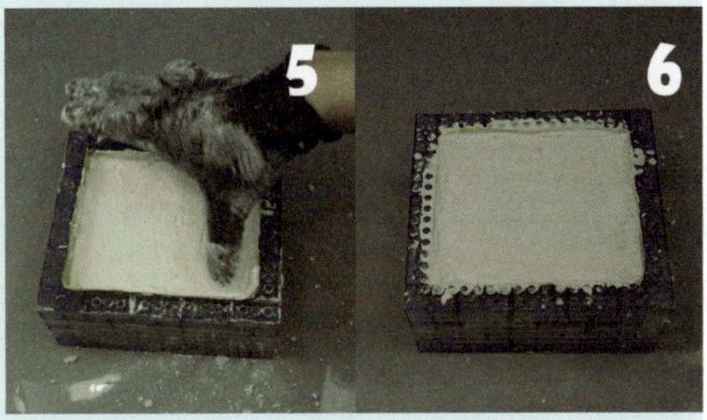

9 完成模具制作

- 拆除积木框架。打磨石膏板边缘。石膏板边缘会有较锋利的毛边，不仅会刮伤手部，还会对捆绑皮筋造成损伤。

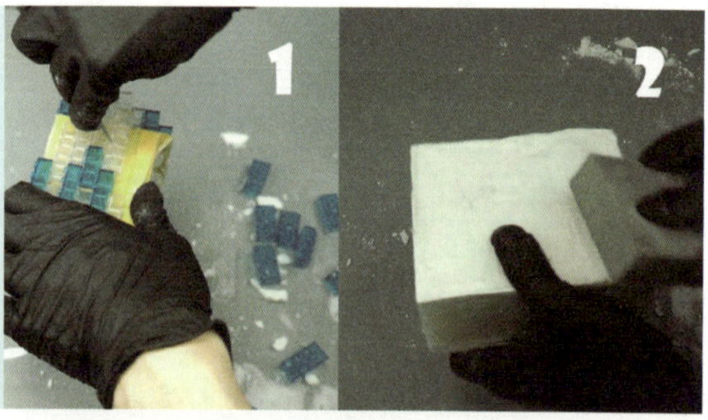

- 将所有的工业橡皮泥清理干净。

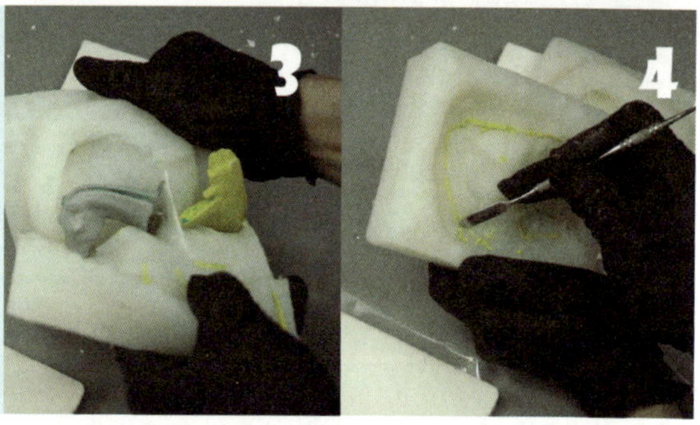

- 修剪模具，确保流道畅通无阻，扫清浮渣。

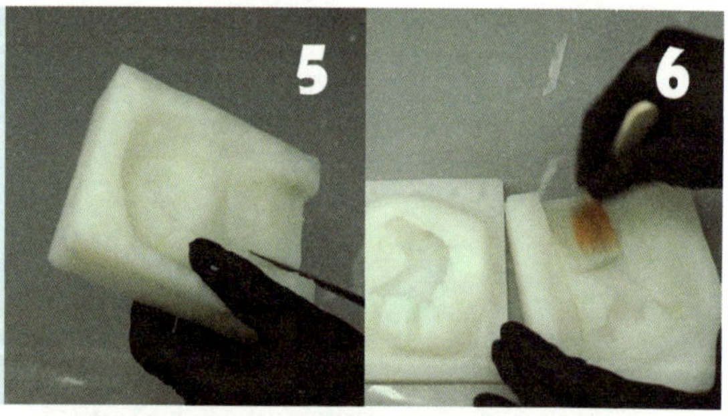

- 可用水清洗硅胶模具，模具上残留的油脂可能会使注入的树脂产生更多的气泡。

10 注入树脂，进行复制

- 树脂的具体调配方法见第25页。
- 捆紧皮筋，确保两片硅胶模具紧密组合。

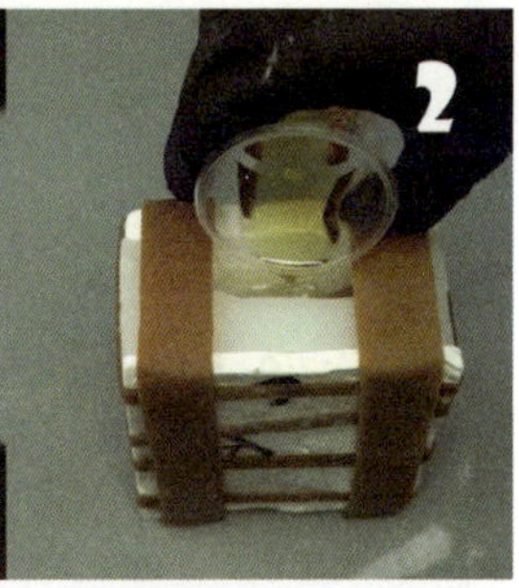

- 待冷却至室温后取出树脂复制件。

方法二　制作带有封闭型石膏壳的硅胶模具（适用于较大体积的原模）

模具组成部分

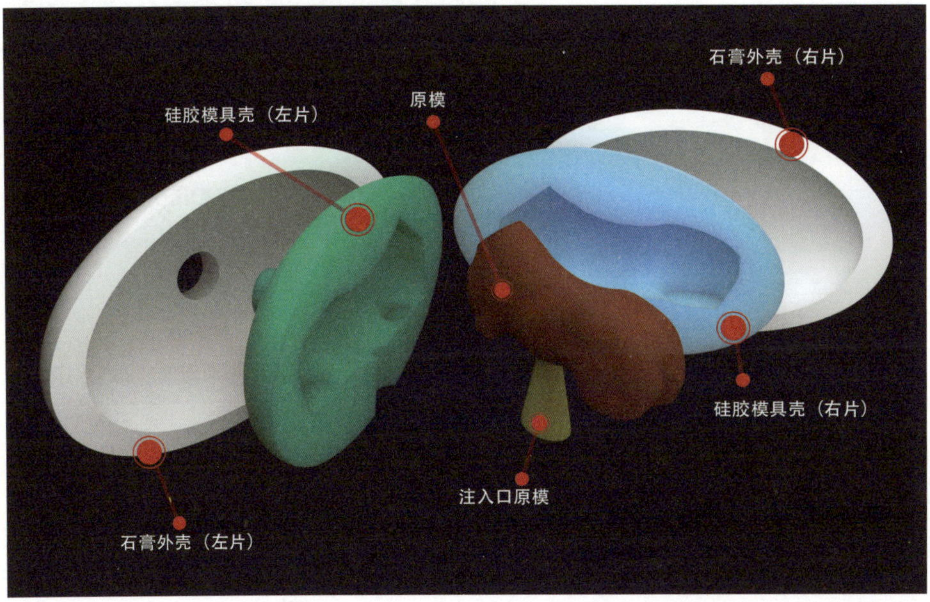

带有封闭型石膏壳硅胶模具的三维示意图

- 这种方法的原理与上一篇大致相同，只是石膏外壳是全封闭的，这会减少硅胶原料的消耗，并且提供了更完善的壳体以防止变形。
- 本次制作的“峡湾马”躯干并不能很好地体现出这种方法的优势，但在为更大体积的泥稿原模制作模具时，这一方法会格外经济实用。

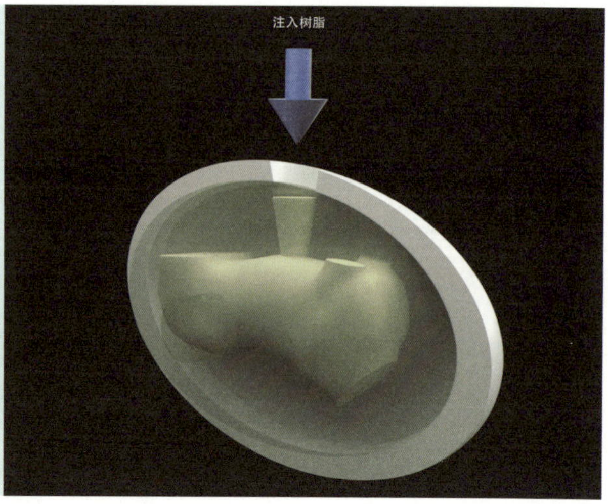

制作实录

1 准备工作

- 预估模具大小。图中红色区域，是硅胶模具的范围，蓝色区域为石膏壳的范围。

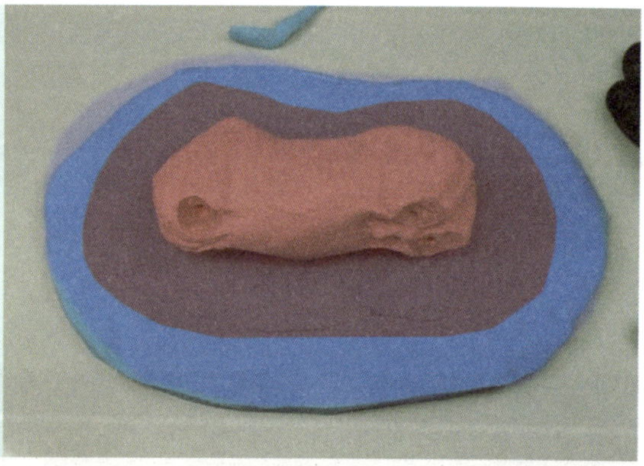

- 可以预先喷上一层离型剂，方便后期剥离橡皮泥。

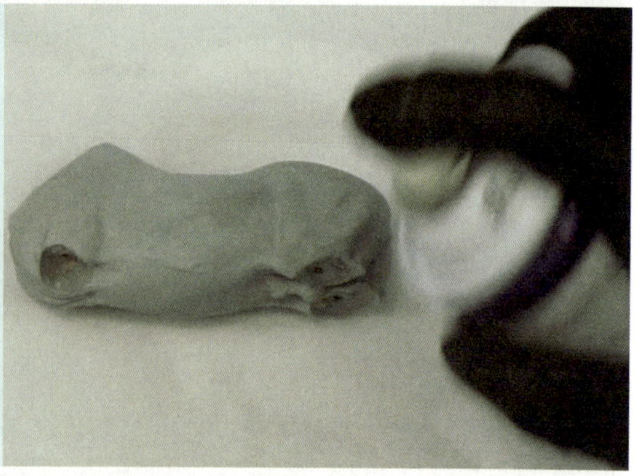

2 制作反射模

- 先将原模的一半埋入橡皮泥（图1、图2）。

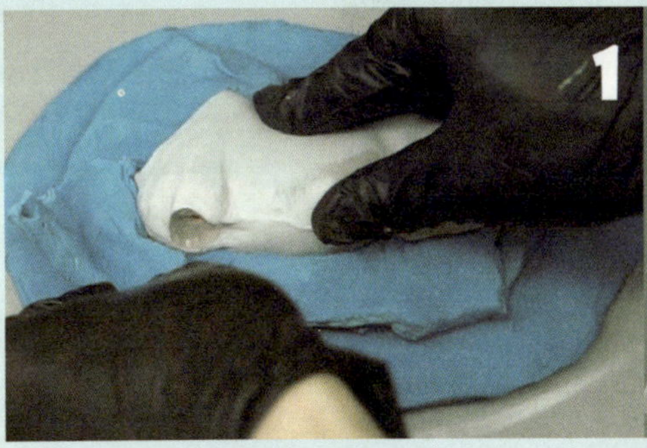

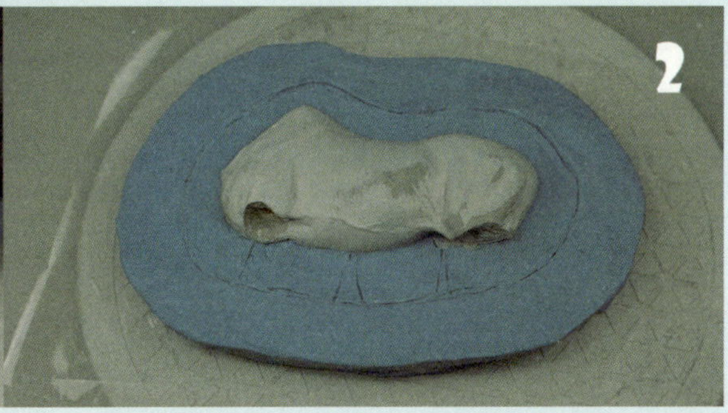

- 用铝箔纸作为隔离层覆盖原模。

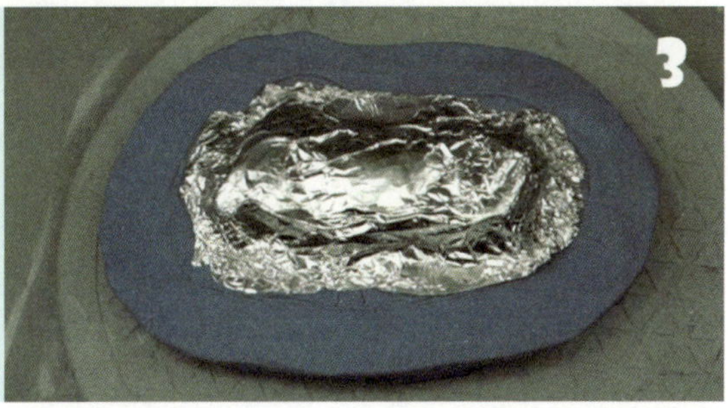

- 用橡皮泥包裹原型，这层绿色橡皮泥的形状、厚度与后续左片硅胶模具是一致的。将其制作成半椭球体并抹平（图4、图5）。

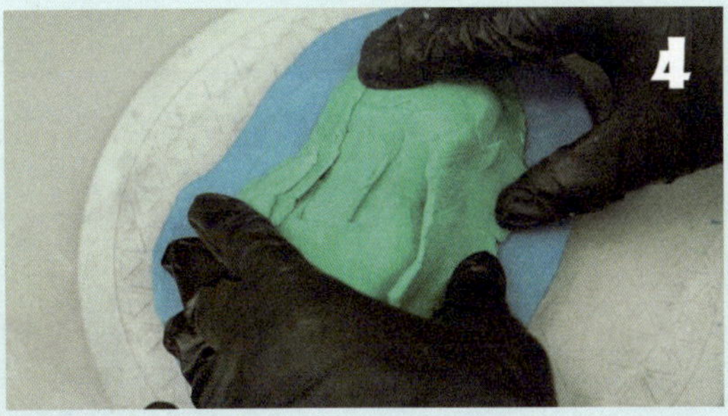

- 找到这层橡皮泥的最高点并做标记。

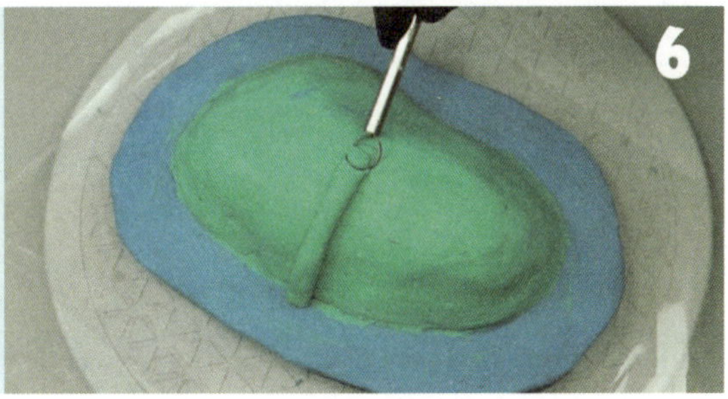

- 沿着最高点，添加一些定位槽并修整，这是硅胶模具与石膏壳间的定位槽。

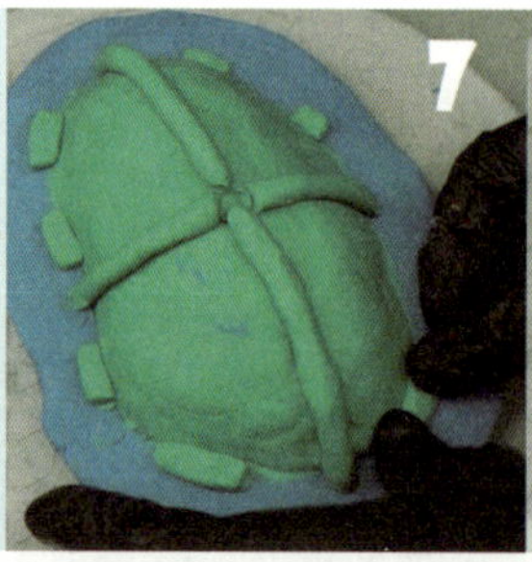

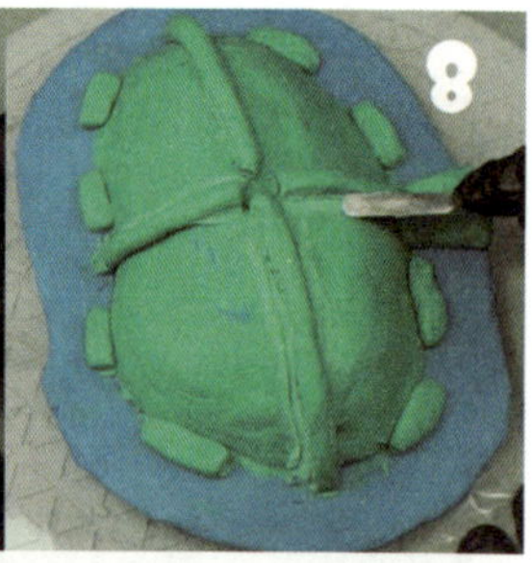

- 添加两片石膏壳间的定位孔，在蓝色橡皮泥上的孔洞就是两片石膏壳间的定位槽。

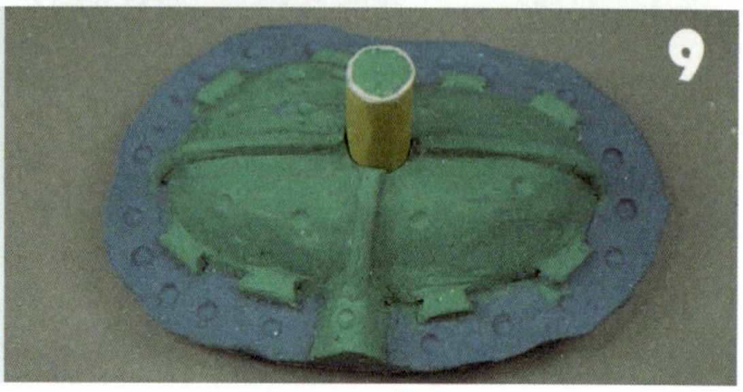

- 在最高点添加一处浇筑口，这个浇筑口是用来注入硅胶的。最后刷一层凡士林便于之后取出橡皮泥。

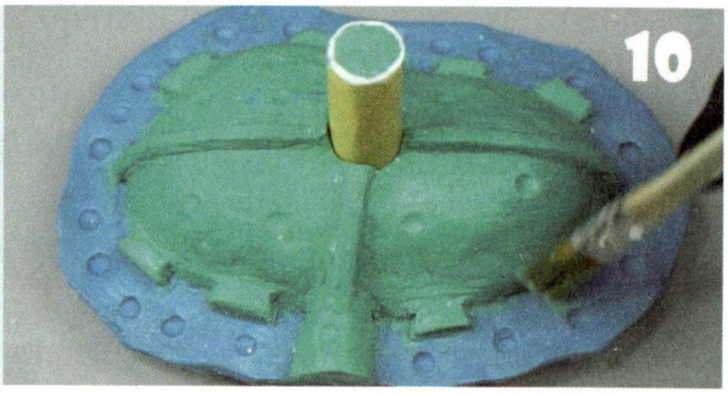

3 制作第一片石膏壳（左片）

- 将水与石膏粉按比例调配好（石膏调配详见第49页），涂在橡皮泥反射模上。

- 使用网格布增强石膏强度、韧性，并将石膏壳修整平滑。

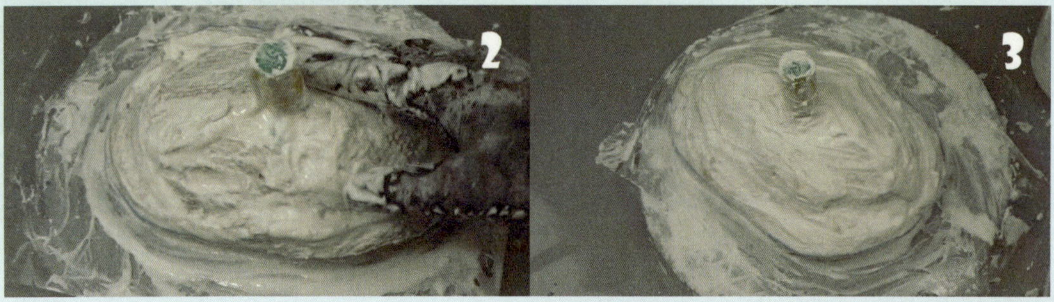

- 在石膏尚未固化时，制作一些排气孔。在倒入硅胶时，这些小孔有助于排出空气，也可以查看硅胶在石膏壳内是否充满。

4 制作第二片石膏壳前的准备工作

- 取下蓝色橡皮泥，修理石膏壳的飞边，再喷上一层隔模剂。

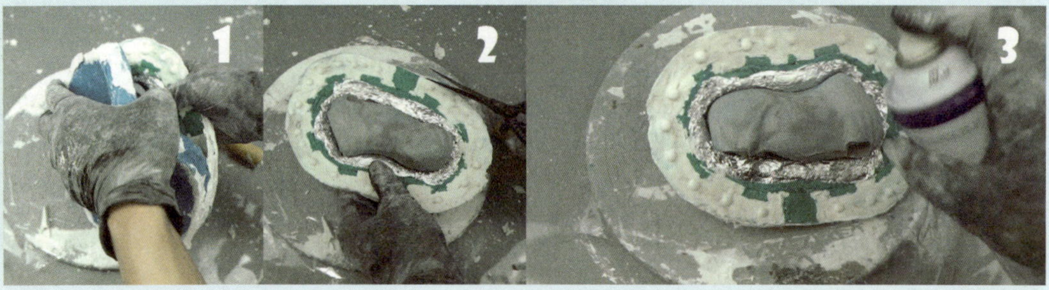

5 制作第二片石膏壳（右片）

- 将另一面用橡皮泥包裹，方法同本节步骤2。

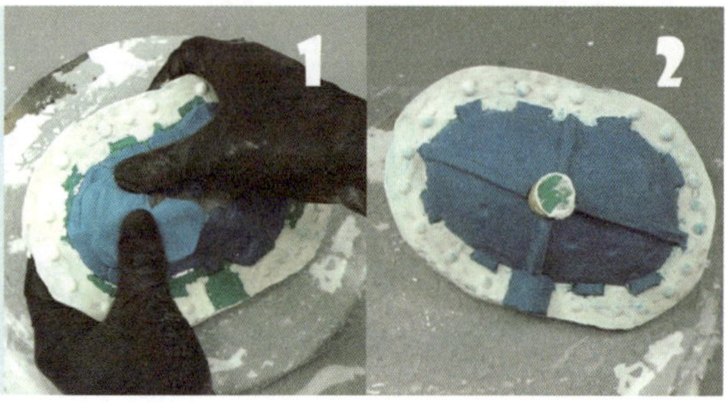

- 在第一块石膏壳上均匀地涂抹凡士林作为隔离剂（图3）。与本节步骤3相同，制作石膏壳。

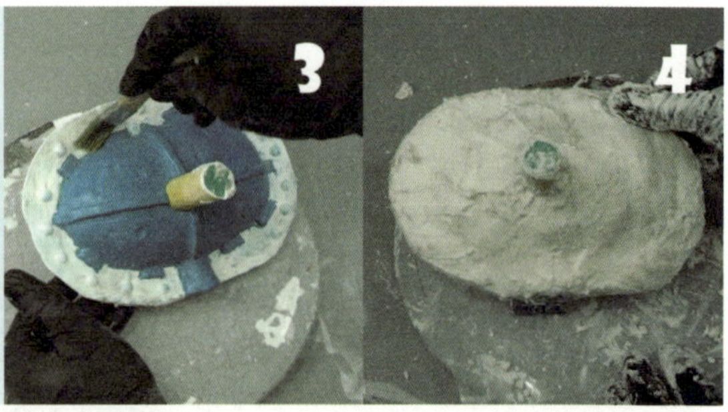

6 制作第一片硅胶模具（左片）

- 待所有石膏壳完全固化干燥后，先用锤子多次轻击接缝边缘，震开接缝，然后垂直插入扁头工具，像钉钉子一样用锤子轻敲工具末端，在不同方位的接缝处多次尝试，两块石膏板会轻松分离。避免直接撬开石膏壳，这会使石膏壳边缘受损（图1）。

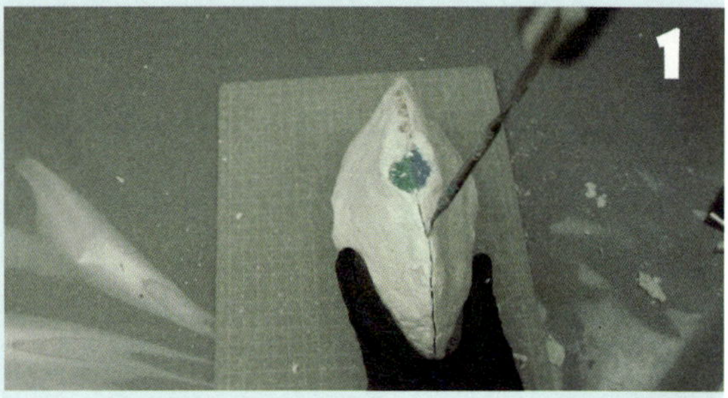

- 拆除绿色橡皮泥（左片），修整石膏壳（图2~4）

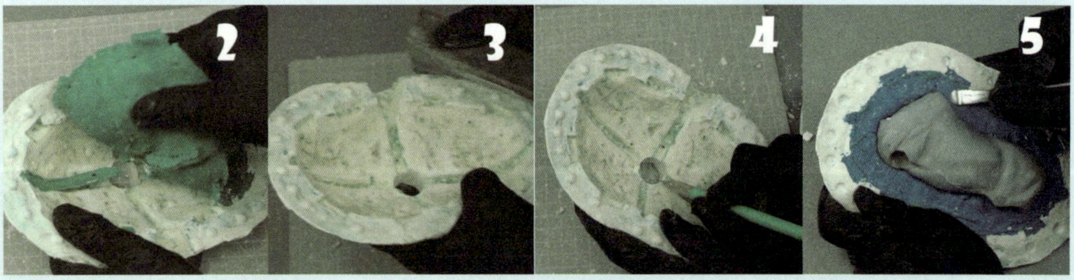

- 制作硅胶部分的反射模（图5~7）。操作同方法一步骤3（详见第59页）。

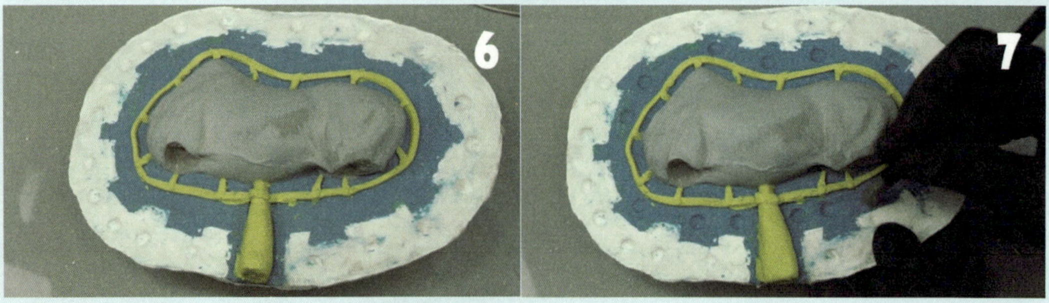

- 树脂注料口（黄色橡皮泥）与石膏壳间要留有空隙。

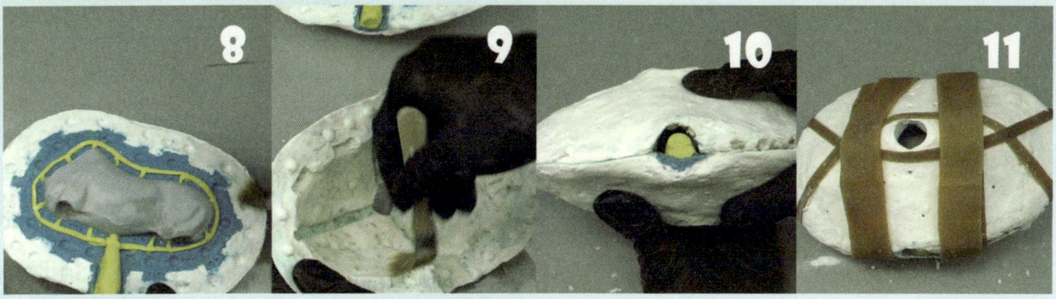

- 用皮筋捆紧两片石膏，将树脂注料口用橡皮泥封堵上，以免硅胶流出（图12）。
- 慢速注入硅胶（图13、图14），注意硅胶与石膏壳间要灌满（硅胶具体操作见第20页）。

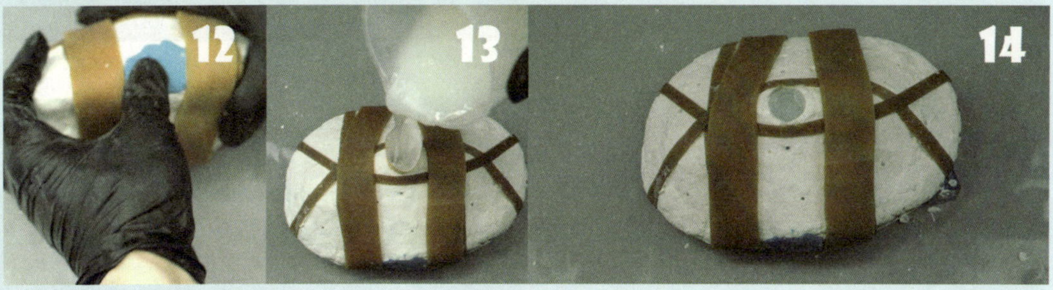

7 制作第二片石膏壳（右片）

- 拆除蓝色橡皮泥（右片），但要尽量保留注入口和流道。

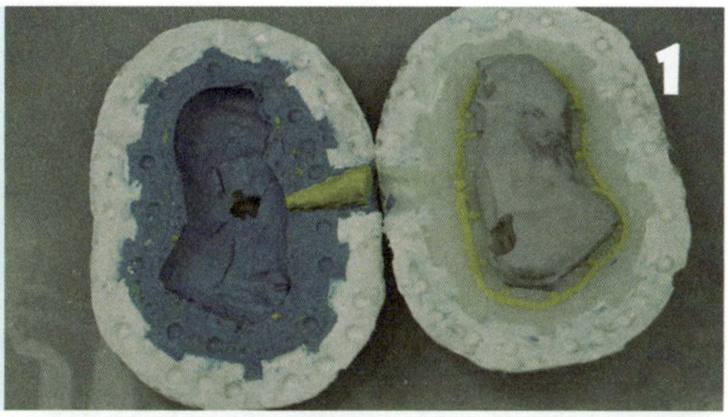

- 清理溢出的硅胶飞边。

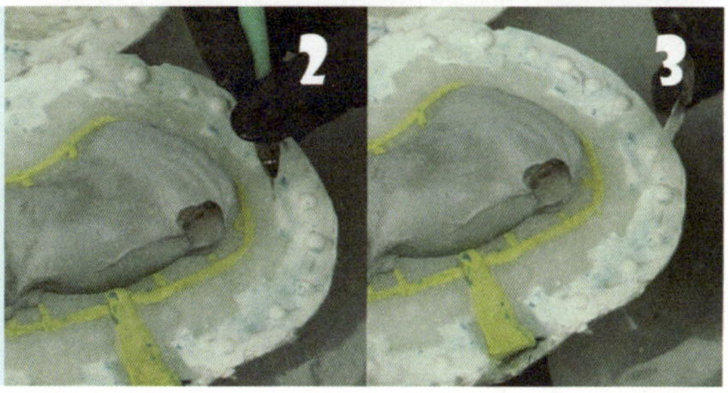

- 修整石膏壳，在石膏壳与石膏壳、石膏壳与硅胶、硅胶与硅胶的接触面上都涂上凡士林作为隔离剂。

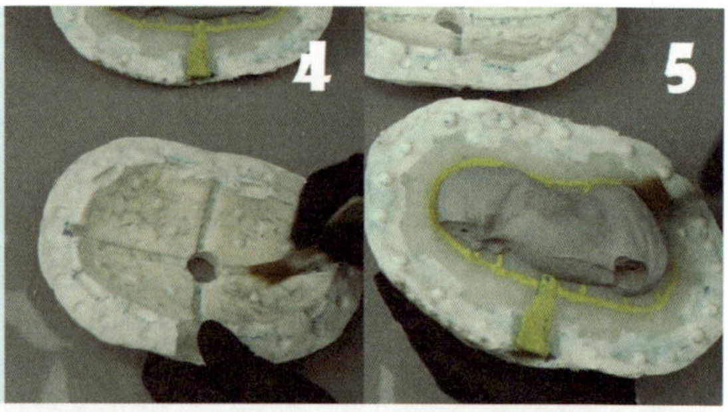

- 注入硅胶（硅胶具体操作见第20页）。

8 修整模具，完成制作

- 逐层拆开模具。

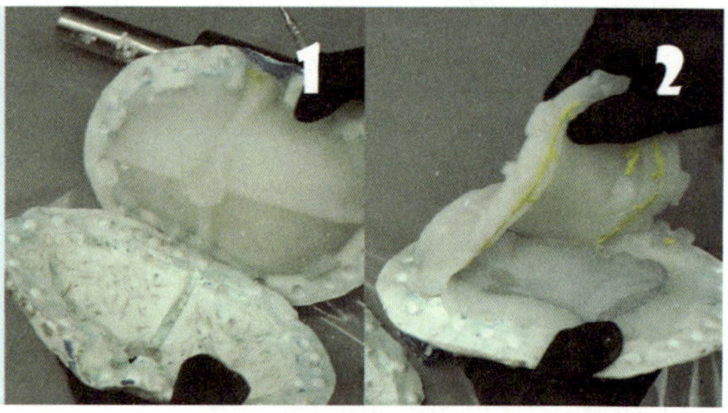

- 取出硅胶层，修剪飞边。一些流动性较强的硅胶会从石膏壳上的排气孔渗出，需将这些硅胶凸起剪掉（图4）。

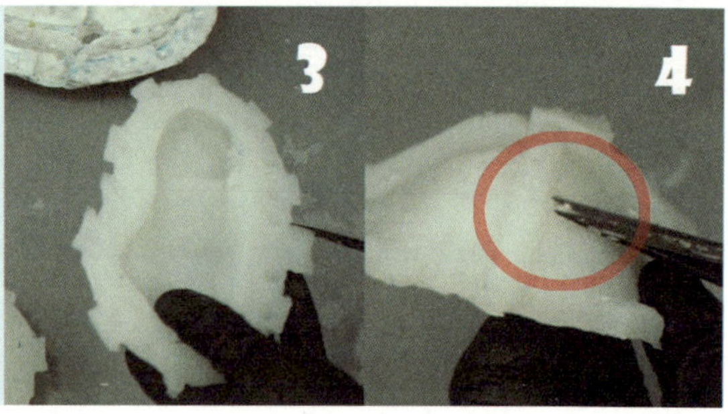

- 最后将硅胶清理干净，压回石膏壳中，完成模具制作。

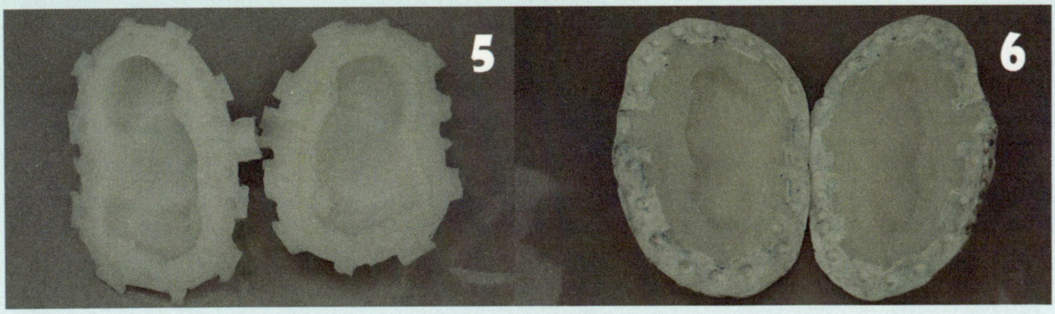

9 注入树脂，复制模型

- 树脂调配方法详见第27页。

- 利用引流棒可以使树脂更平静地灌入模具，从而减少气泡。

- 另外，在制作一些原型较细的地方，尤其是躯干较为宽大但腿部较细或者动态较大的原型时，会因树脂材料不够有力而出现腿部侧弯的现象，而采取钻开成型树脂植入金属桩这一做法显然不适用于弯曲度较大的原型。在注入树脂前，作者尝试加入一段金属棒作为支撑。如图4，将金属棒插入硅胶模具使其架空，再注入树脂，这或许不是最为正规、专业的做法，但却行之有效。

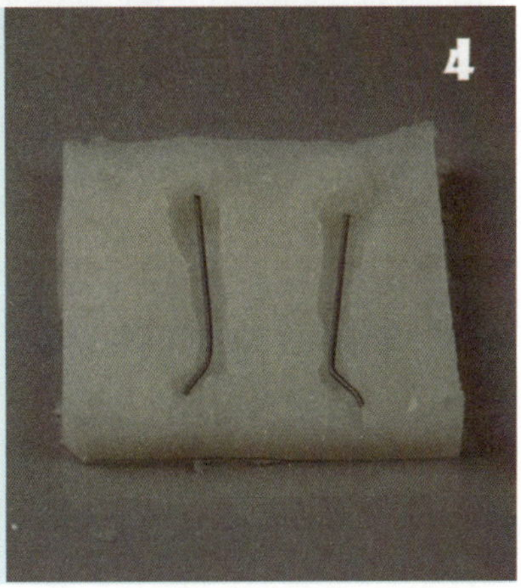

（4）色彩处理

- 树脂并不像石料、金属那样凭借固有质感便可赏心悦目。不过尝试在立体“画布”上尽情绘制也是别有趣味的。
- 如同传统绘画一样，颜色的运用也是重要的个人风格组成部分。
- 在上篇“斑海豹”的制作中，已经记录过如何使用喷笔进行简单喷绘，本篇将记录单纯使用笔刷来进行着色的过程。

1 着色前的准备工作

- 取出树脂白模后，用温水清洗去除翻模时沾染的油脂，同时查看是否有气泡坑。通常作者只制作一套带有涂装的树脂复制品，所以填补气泡坑并不是件难事。气泡坑的填补方法见第95页。

- 将所有零件组装好，并用强力胶粘牢。作者习惯在零件间植入金属桩加固。

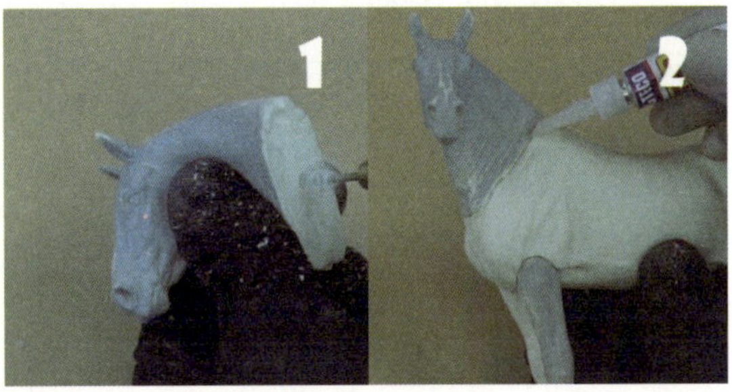

- 使用补土填补零件间的接缝，待补土硬化后打磨。

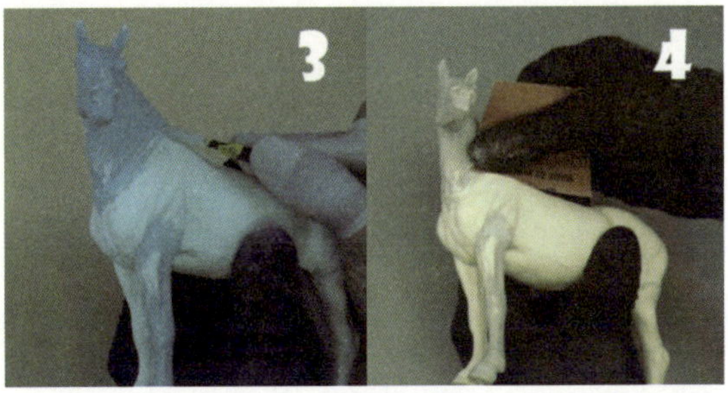

- 扫去打磨后残留的浮尘，喷上底漆（水补土）。如果在绘制颜色较浅的制作对象时使用深底色，可能会因浅色颜料覆盖力不足而导致整体颜色随时间逐渐变深，因此作者会再喷上一层白色水补土作为底漆。

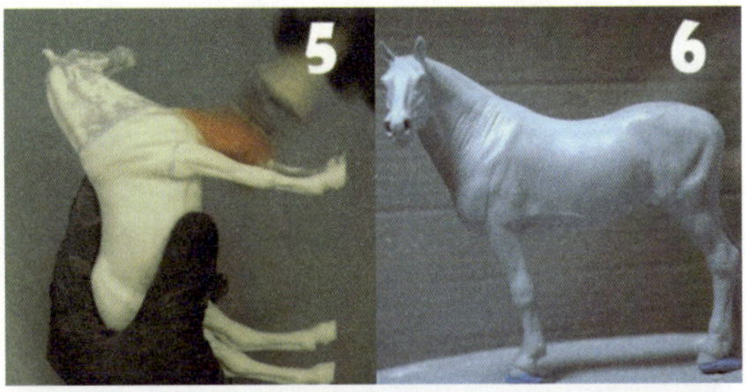

2 铺垫底色

- 峡湾马的毛色偏浅，先打上一层白底色。
- 使用较稠的丙烯颜料加滑石粉，并调匀。

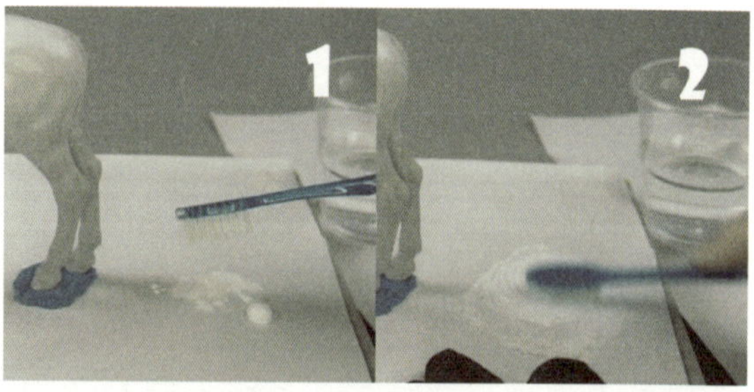

- 关于笔刷上色：与喷枪不同，使用笔刷上底色，难度更大。大块的笔触质感并不适用于所有手工品，作者通常会用牙刷上底色（图3、图4），因为牙刷很少掉毛，而且可以刷到很多毛笔不易涂到的地方。在丙烯颜料尚未完全干燥前，用一根干燥的软毛笔刷对颜料进行快速扫刷（图5、图6），像传统绘画中素描排线那样，要从不同方向扫刷，直至丙烯颜料变得干燥，这样笔触会变得很细腻（图7）。这种细腻的笔触可以进一步用细砂纸打磨光滑，但作者喜欢将其留下，模仿动物的毛皮质感。

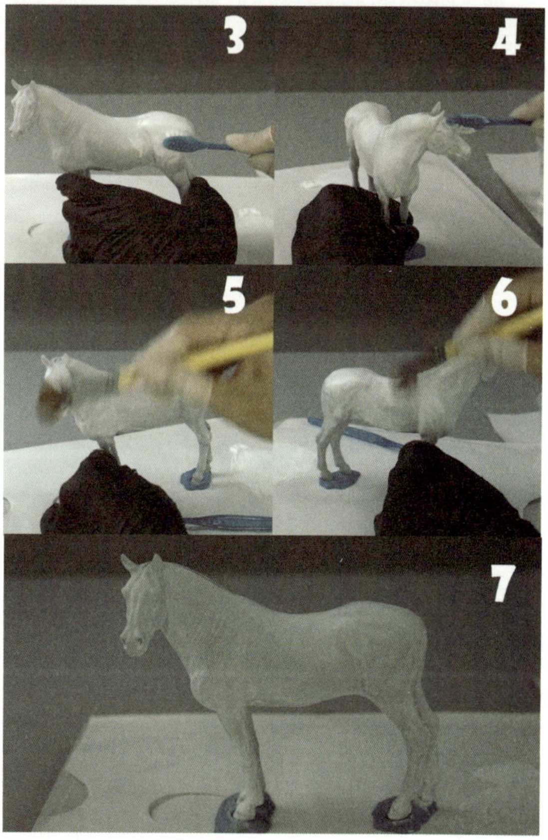

3 铺垫固有色底色

- 与前一步方法一样，绘制一层接近实物的底色。

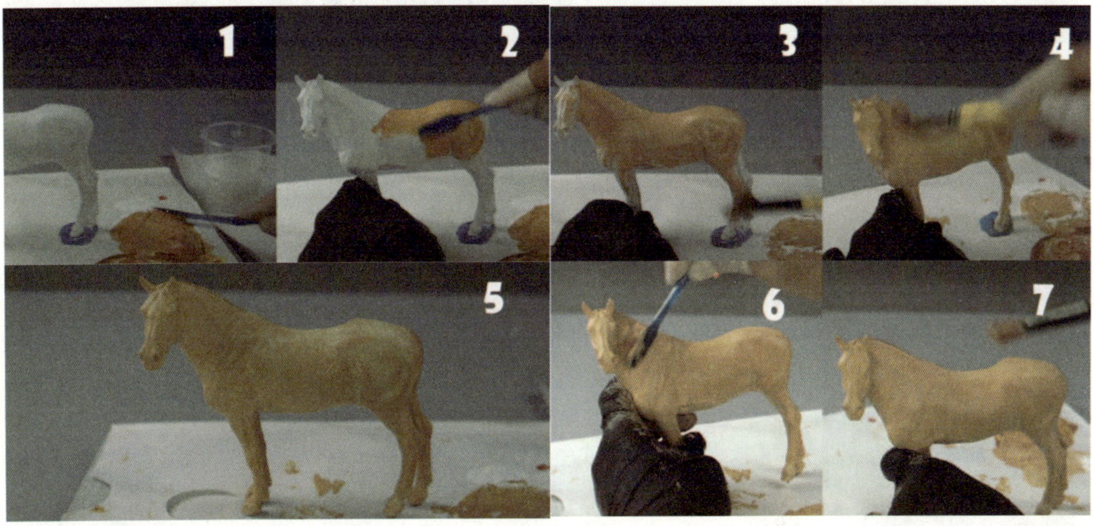

- 根据真实的峡湾马毛色增加一些颜色变化。

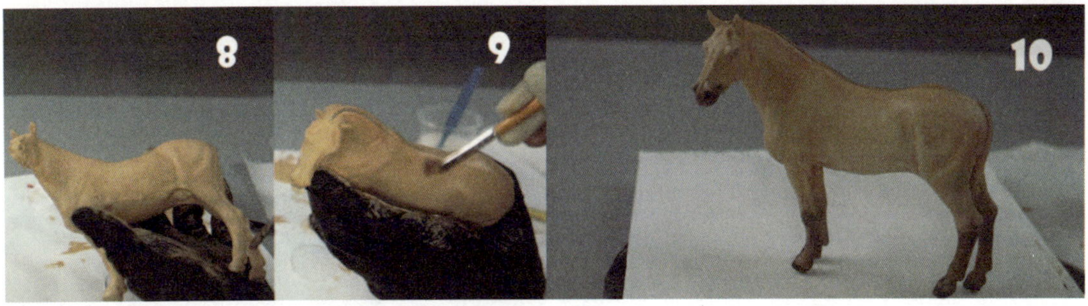

4 调整颜色，追加细节

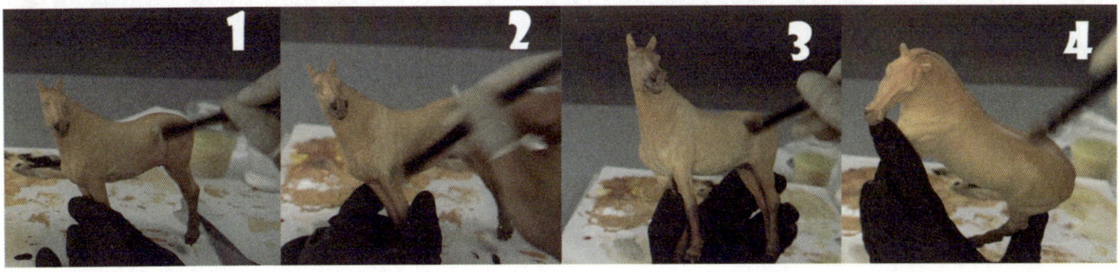

- 仔细观察峡湾马的照片，增加些许细节。作者喜欢将颜色涂得更主观、理想化一些。在颜料干燥后喷一层消光漆作为保护漆。

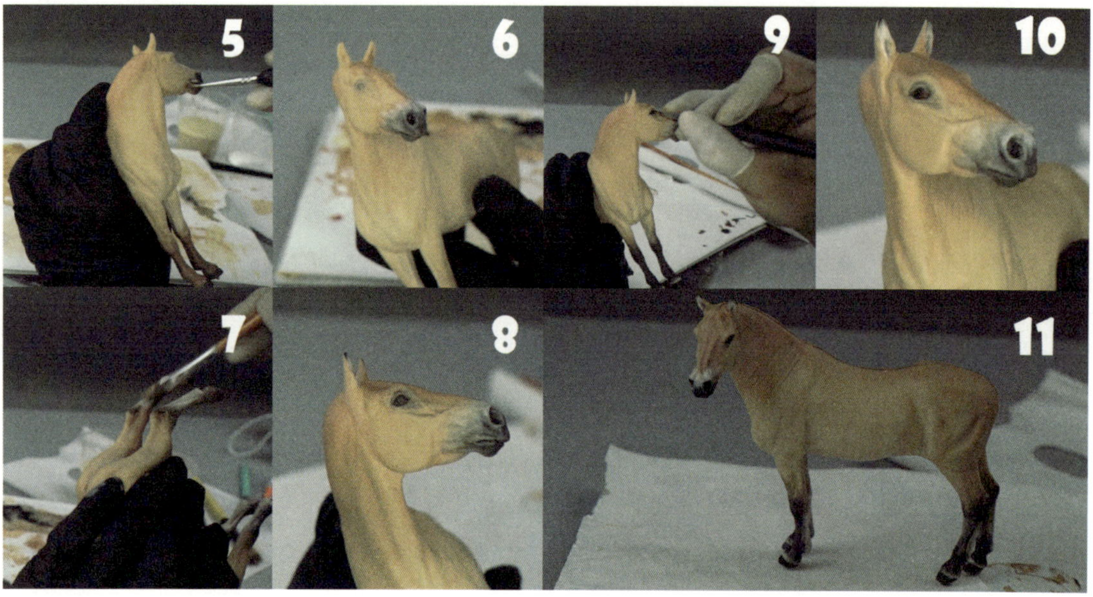

5 制作马鬃

这里作者使用的毛料为滩羊毛，胶水为UHU万能胶，切忌使用瞬粘强力胶水，这会使毛发变硬。

- 选择合适长度的毛料，将根部剪齐，抹上胶水。

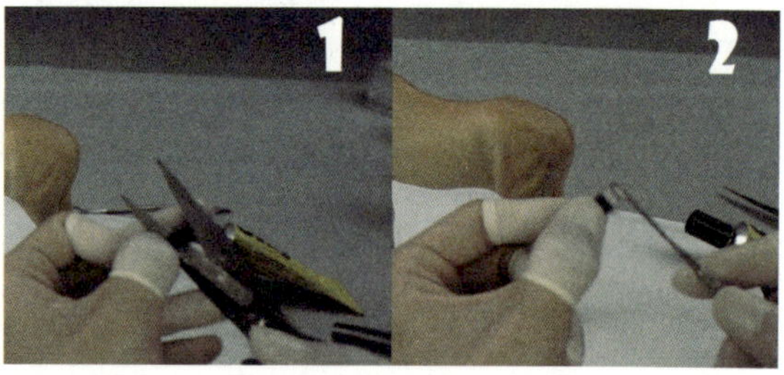

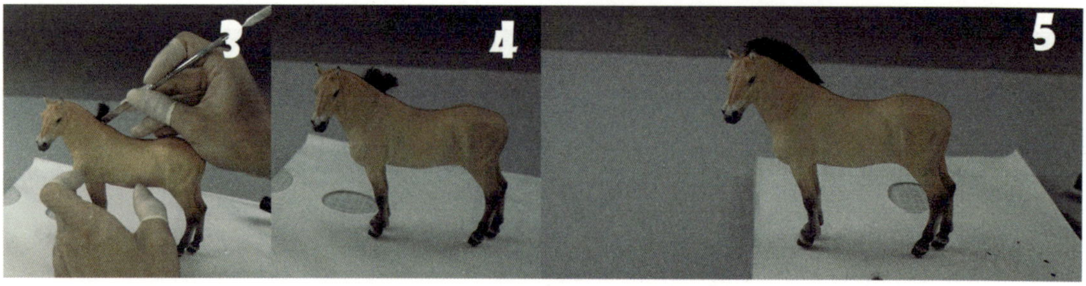

- 峡湾马的马鬃大体呈现出两种毛色，按照从下层到上层、从里层到外层的顺序粘毛发（图3~8）。

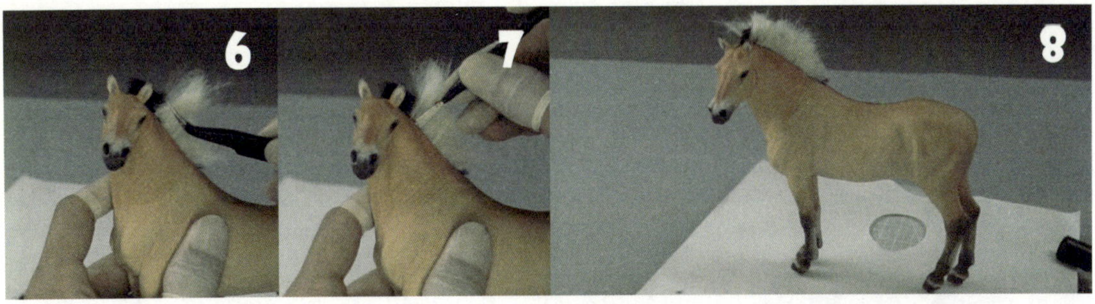

- 前额的鬃毛比较长，粘贴时应考虑到毛发的走向（图9~12）。

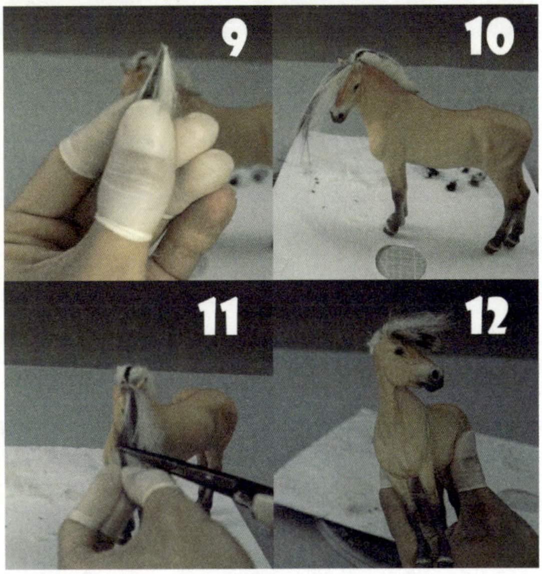

- 胶水凝固后，手指沾些许水，轻轻将浮毛捋下来（图13）。
- 可能会有一些溢出的胶水，尽量不要撕扯这些溢胶，用颜料遮盖更为稳妥（图14）。

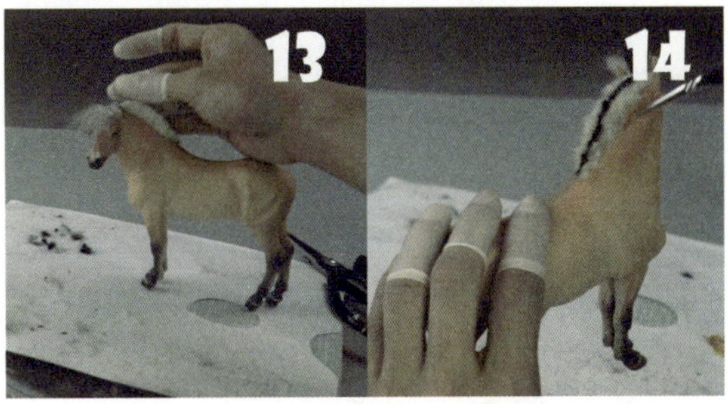

6 制作睫毛

- 用类似的方法制作睫毛，这一步要极为小心。
- 一些动物有着非常明显的睫毛，甚至成为它们的一种特征，如长颈鹿。

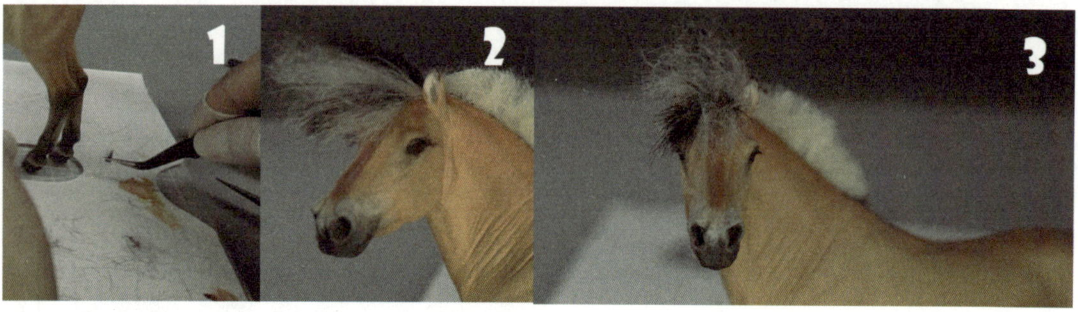

7 “点睛”

- 提亮动物的眼睛、蹄部以及潮湿的鼻孔。方法同第32页。

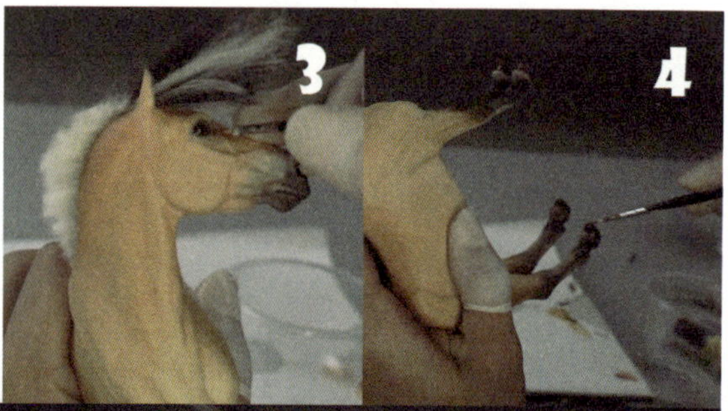

8 制作马尾

- 找到预先留的连接点，钻出大小适当的连接孔（图1）。
- 将黄铜丝打成股（图2）。

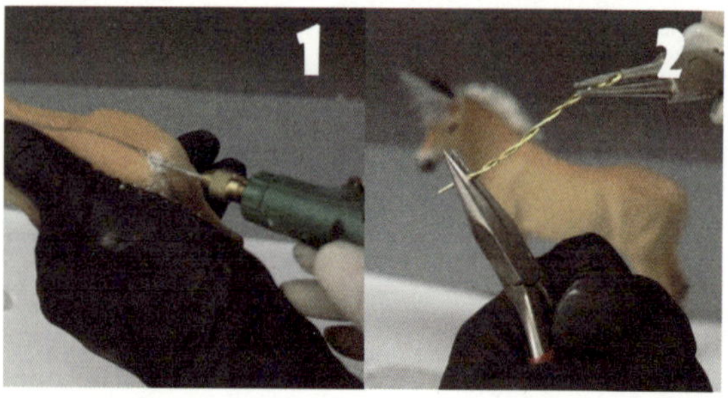

- 使用麻绳或棉绳缠绕黄铜丝，再用强力胶固定制作成尾骨（图4、图5），这样便于粘贴毛发。

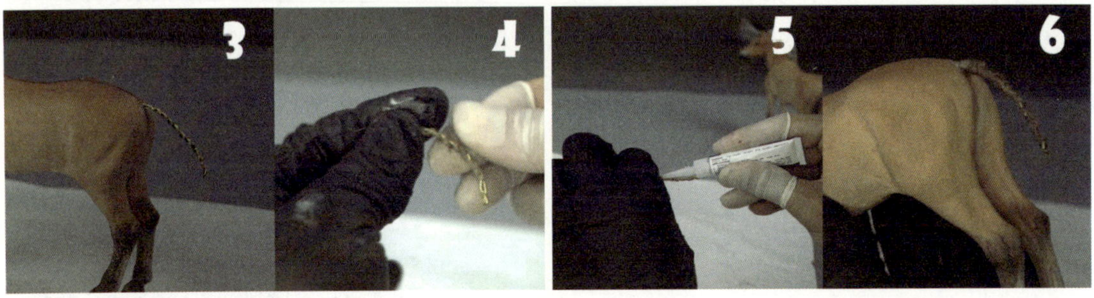

- 与马鬃的粘贴方法类似，从下层至上层环绕尾骨粘贴毛发（图7~9）。这一过程中依然使用较温和的万能胶水而非强力胶。
- 在尾部与身体连接处可以使用些许强力胶加固最外层毛发的根部（图10），但要注意用量。

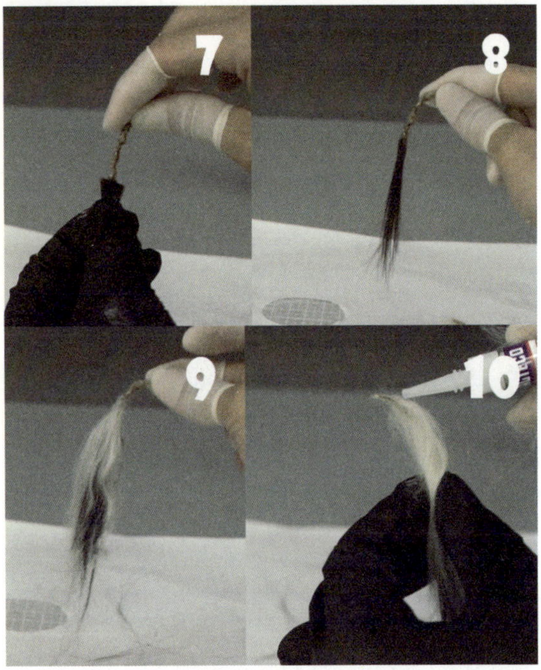

- 安装完成后作者又稍微添加了一些毛发。
- 最后用清水或啫喱水为马鬃、马尾造型（图13）。
- 至此，峡湾马主体部分已经全部完成！

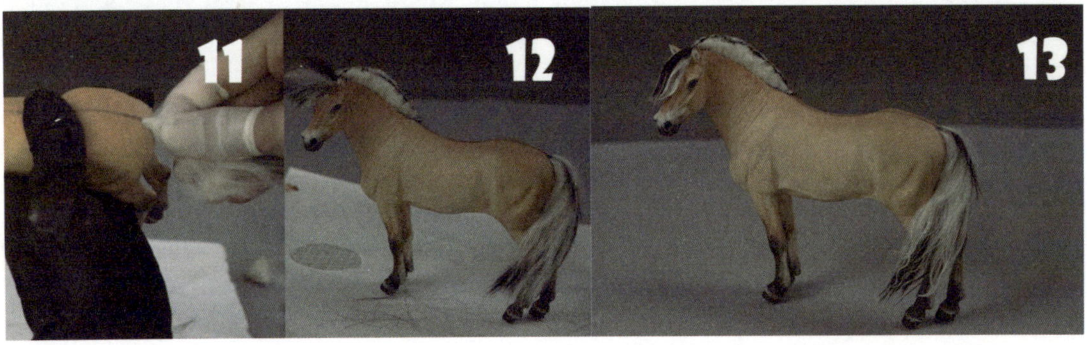

9 添加简易底座

- 底座主体材质依然为PVC板。底座不仅可以使主体物摆放得更稳定，还可以增添趣味，展现生物的生活环境。作者更喜欢将底座和主体物作为一个整体，用底座调节颜色。这匹峡湾马的颜色有些“燥热”，作者认为用偏深的草色可以中和整体画面。

- 本次制作的底座是用来烘托主体物的，所以没有增加太多细节。如果想制作一份精致的底座，不妨参考一些场景模型的制作。

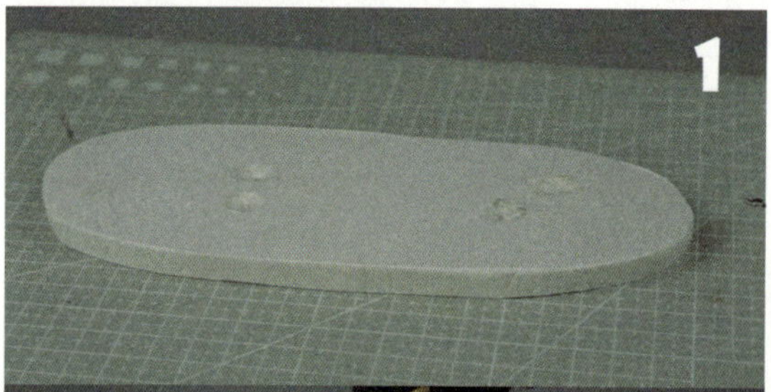

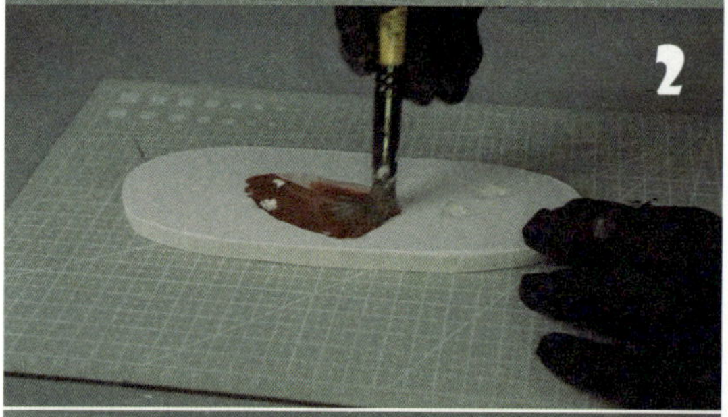

拓展篇 4

本篇将补充一些在其他习作中出现的不同于前篇记录的制作片段，包括“植毛”的处理、配件的制作以及补充。

这些制作并不会出现在每一件作品中，但这是作者在早期尝试完成几件手工作品后自然想到的事情，在这里将它们也一并记录下来，或许可以提供一些拓展思路。每位手工爱好者都有自己擅长的方面，可以将优势展现出来，打破材料或者技法间的界限，不要受到传统、现有模式的束缚。

（1）关于真实毛发的粘贴

这些动物手工品可以有真实的毛发吗？当然可以。

缩小的动物们也可以像标本那样拥有真实毛发，不过标本使用的剥制皮毛，并不是很适用于这种小比例手工品。现在作者用类似前篇粘贴马鬃的方法来为一只牦牛做全身“植毛”。

- 在着手“植毛”前，我们要先观察毛发的走向和层次，从最下一层开始，逐层向上一簇一簇地粘贴毛发，层层遮盖（图3~12），这样可以减少胶水粘在毛发上的失误，并掩盖毛发根部的粘贴痕迹。

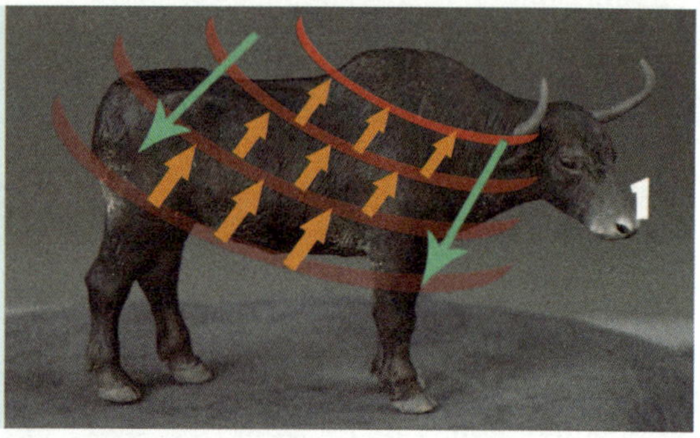

图1中，绿色箭头是毛发的走向，橙色箭头是逐层粘贴的方向。

- 至于腿部、面部的一些短毛，作者选择不粘贴毛发，因为粘贴上这种短毛后可能会适得其反。

- 先为素体涂上一层底色，要与毛色接近，这样即使露出一点空隙也不必担心。

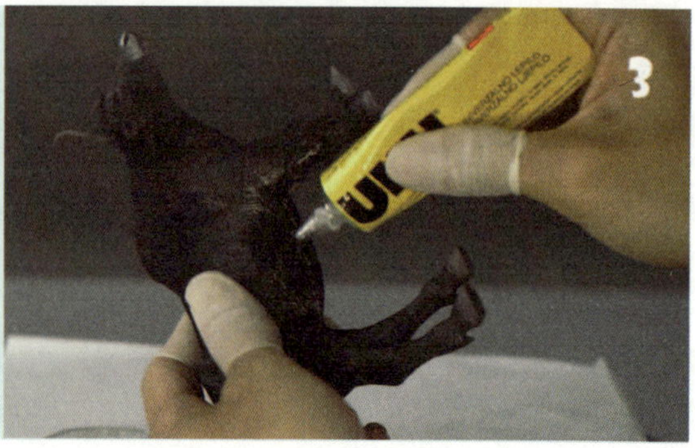

- 使用的胶水依然是UHU这种偏温和的万能胶水。毛发使用的是滩羊毛，这种羊毛很长且柔软、细腻，容易造型和着色。有时也会使用人造毛、羊毛毡等制作不同动物的毛发。

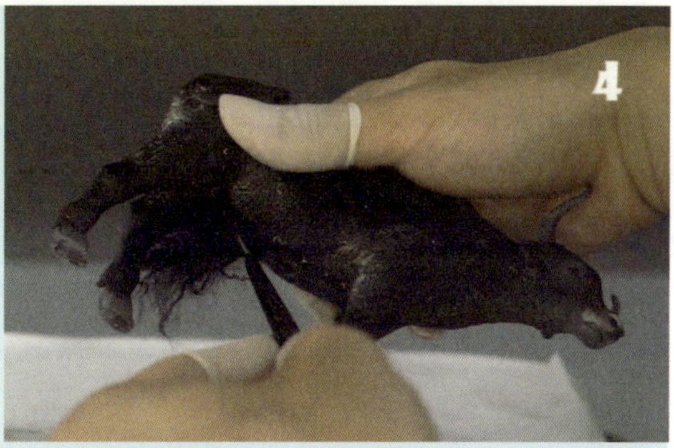

- 用丙烯颜料和喷笔对毛发进行改色，注意这种方式不太适用于人造毛。

- 全身“植毛”非常考验我们的耐心，虽然很枯燥，但完成的作品却有着触手可及的质感。

（2）制作配件

增加一些配件可以为作品增添趣味，还可以起到调节画面颜色的作用。制作配件的材料不受限制，作者打算为牦牛增加一副简易的鞍和鼻环。

- 这是一种皮具内衬材料，通常可使用其他更薄、更结实、更抗老化的材料来代替真正的皮革。

- 作者并不想为此大费周折去定制布料，用丙烯或油漆笔在布料上绘制图案更加经济、快捷。

- 过于艳丽的色彩不太适合制作风格，轻微处理可使其看起来更旧。

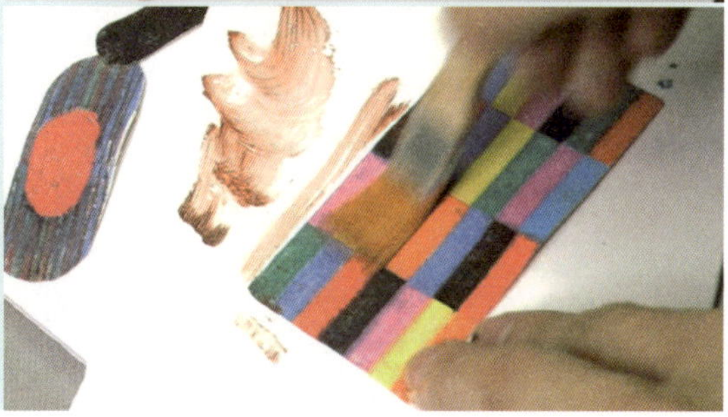

• 使用了一些AB补土作为鞍的内衬，使其更有型。

• 最后，将这些配件装配好。

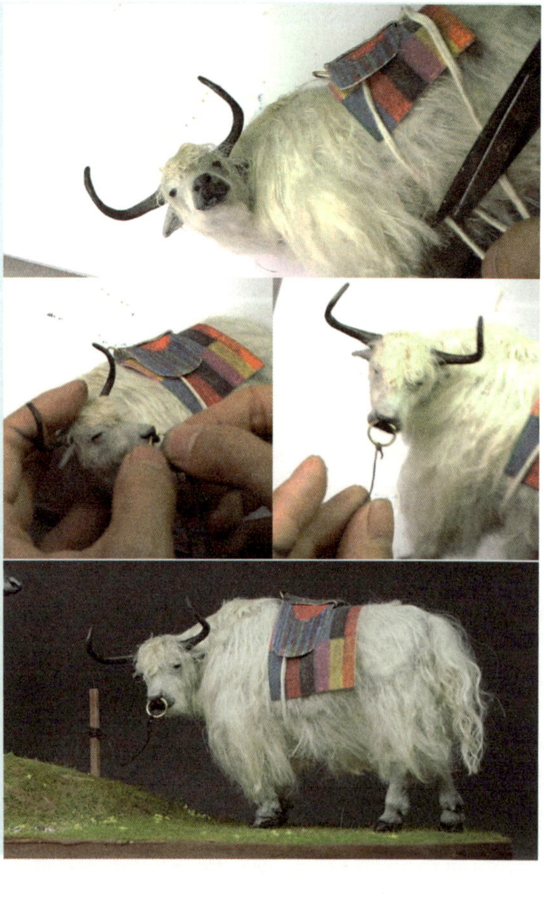

● 尝试制作一些更为复杂的配件。

● 这种直接手工绘制的方法可以更快速地得到自己想要的纹样。例如，在制作缩小比例的人物塑像时，使用真实的1:1的布料或皮件会显得格外厚重，且很难找到合适的纹样。在费尽周折地寻找材料之后，最初的灵感和制作兴趣可能已经逐渐褪去，所以通常可先用上述方法自制纹样和零件，制作完成后再看是否合适，是否需要替换。

图中的花纹便是用这种方法手绘而成。

将很多配件组成了一副盔甲。

- 触类旁通，活用这些方法，不必局限于某一题材。下图是在制作微型古帆船时联想到了木质地板，并用蒙贴甲板的方法打造了底座质感。

作者经常穿插着制作不同题材的事物，以免对某一种题材产生厌倦，或是深陷其中变得过于机械，同时又不会让手、脑闲置下来变得懒惰。下图的人像手工品，看起来更加复杂，制作过程更为烦琐，但实际上很大一部分都使用了上述方法。

（3）关于制作的补充

1 修补

当我们采取完全手工的方式将泥稿复制成树脂材质时，时常会出现因气泡坑导致的细节缺失，如果泥稿体积较小，我们可以尝试多次复制并挑取最好的一件，但对于大型泥稿，这会耗去大量原材料。有些气坑是由于模具设计不合理导致的，而在翻制过程中泥稿很可能已经损坏，我们不得不使用仅有的模具重复错误，或是放弃。这时使用补料修补这些气坑则更加经济且快速，尤其是在一些练习作品中。

- 右图中是完全失误的复制品，除红圈内的大型气坑、合模线错位外，还有大面积的密集小型气坑，这似乎是完全不可使用的。不过这是一次快速习作，作者将使用一些填补材料对它进行“复原”，而非重新制作。

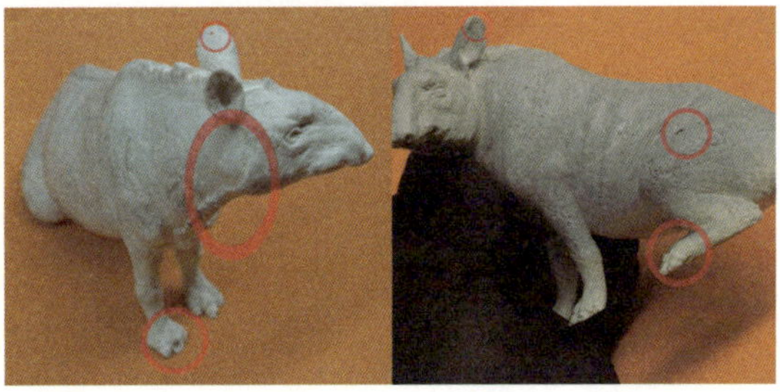

使用缓干型 502 瞬黏剂与滑石粉填补气坑

- 调配补料。将瞬黏剂滴在滑石粉旁，并用木签快速将两者混合至半透明的膏状。

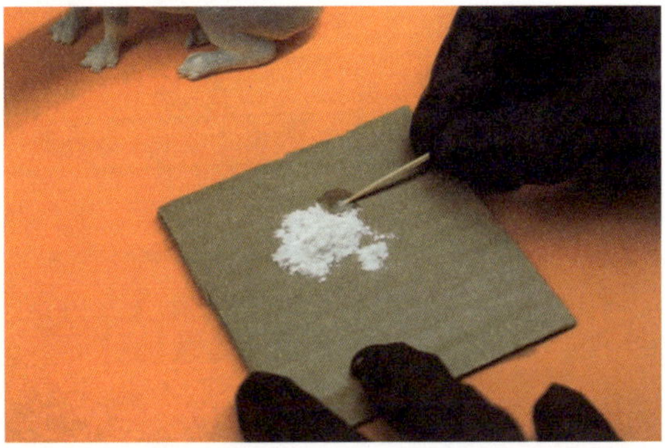

- 将其填入孔洞中，并尽可能抹平。

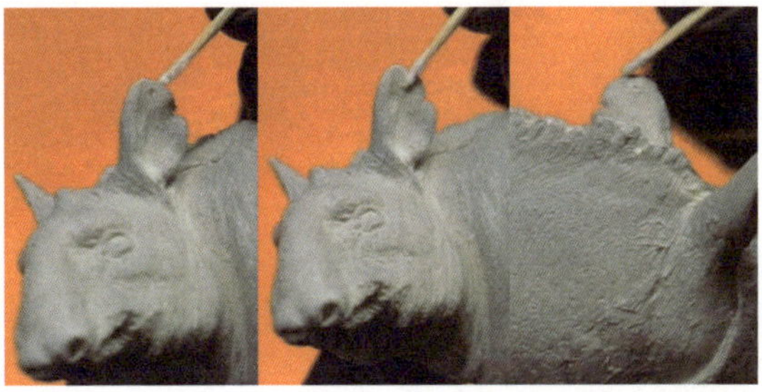

4 拓展篇

- 填补完成，一些地方需要进一步打磨。瞬黏剂的黏性很大，并且干燥极快，这既是它的优点，同时也是它的不足之处。

使用 AB 补土填补修复

- 至于右图中这种密集气泡坑，以及大面积细节损失，使用前一种方法并不能轻松应对，而易塑形的AB补土则可以发挥其优势。

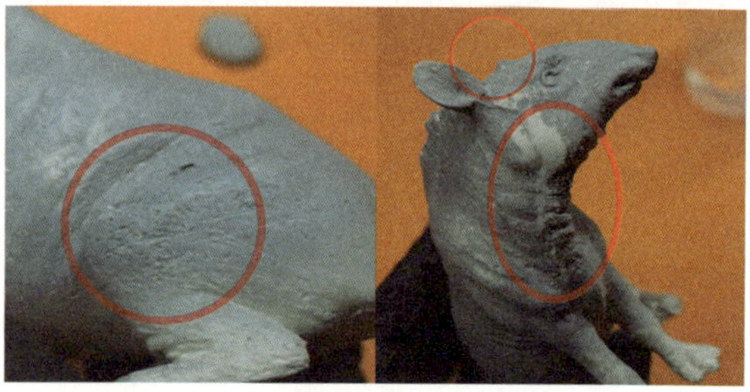

- 取等量的AB补土原料，充分混合。

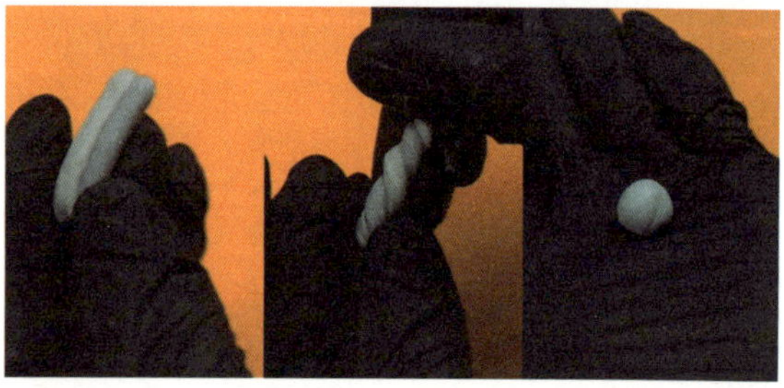

- 在密集气泡坑的区域抹上水。水可以将AB补土变得更黏且柔软。

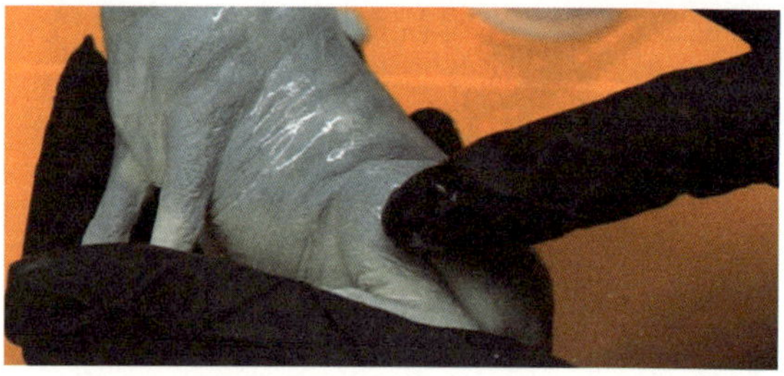

- 将补土在这一区域反复填抹，直至完全平整。

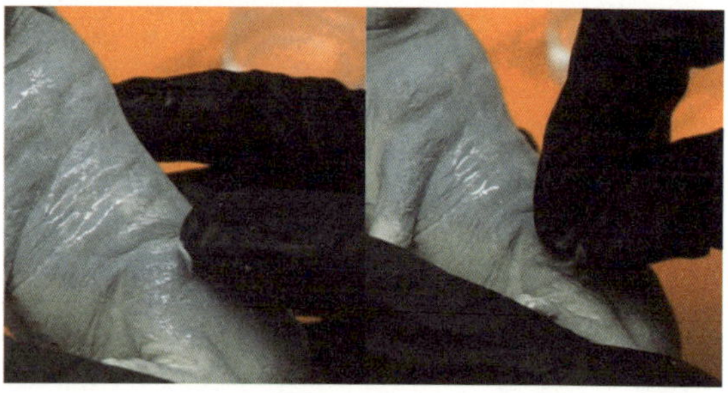

- 填补完成。对于表面细节较多的原型，气泡坑会变得更棘手，需要重新塑造表面，使填补处融于整体。

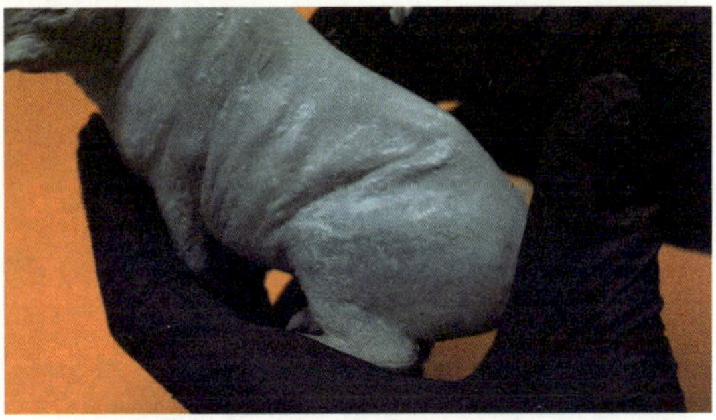

- 类似地，将错位的合模线区域、缺失的凸出部分补全。待其硬化后，再进行打磨处理。

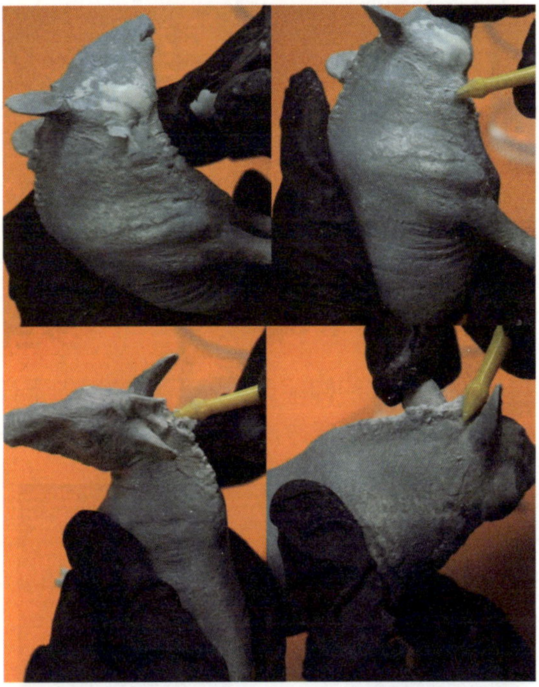

- 涂上一层底色或水性补土，查看填补效果。

● 一件险些丢弃的快速练习作品完成了。这些方法还可以用于修复因存放不当而损坏的树脂陈列品。

2 骨架

泥塑骨架的构架资料并不难寻，由于在前篇实录中作者没有搭建骨架或是使用了比较特殊的骨架搭建方法，在这里作者提供一些更常见的骨架作为补充。

一体骨架 不涉及拆分零件的骨架，常用于小型的或不需要手工翻制的原型。多股铝丝是理想的骨架材料，制作过程中可以进行动态微调。即使不是用来塑形填充，也可以时常摆些动态，以此对原型加强了解、获取灵感。这样的方法无论对绘画还是对其他美术形式都是有益的。

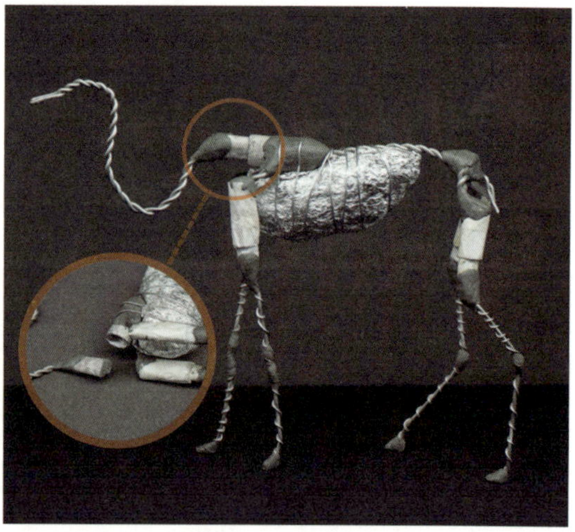

可拆分骨架 拆分的位置和零件数量并不唯一，易连接、易翻制即可。橙色标注区域是用浸过胶水的废纸制作的椭圆柱连接口，由于不准备在制作过程中使用明火，作者采用了简单且易切割的自制材料。这种连接口通常可以用耐热的方形黄铜套管代替。

3 另一种硅胶的介绍及注意事项

前篇使用的硅胶是进行模具制造的缩合型硅胶，有时会比较黏稠，搅动费力，成型后带有少许固化剂的气味。在这里介绍另一种硅胶——加成型硅胶，常用于生产硅胶制品。这是一种更为安全的硅胶，相比普通模具硅胶，其黏度低、流动性好、无味，成型后的坚韧度更高。

加成型硅胶通常为1:1双组分分装，其充分混合的重量比也为1:1。但这种硅胶使用铂金作为催化剂，与含硫、锡、铅等物质接触时会出现接触面未完全固化的粘模现象，而大部分油泥中恰好含硫，所以这种硅胶不适用于翻制绝大部分的油泥原型（包括前篇用于制作反射模的工业橡皮泥）。而缩合型硅胶含有锡，也不可接触或混用。

在使用这种硅胶时，作者偶尔会选择超轻黏土代替工业橡皮泥制作反射模。加成型硅胶可为超轻黏土、AB补土、烘烤后的烘烤型黏土等材质的原型制作模具（上图为一组加成型硅胶及超轻黏土）。

4 气泡“战争”

在尝试了使用树脂复制原型后，我们会发现气泡是最大的困扰，在前篇作者通过预先薄涂硅胶的方法解决了硅胶模具接触表面的气泡问题，但在注入树脂时产生的气泡却很难解决。由于作者不是专业的模具生产技术人员，并且不同品牌的树脂成分也不同，所以在此仅叙述几种较为简单且通用的办法，也可称之为“家常”做法，这些办法可以尽量减少气泡产生，但要完全解决这一问题则必须使用体积、功率较大的工业设备，若想实现商品化也可与专业代工方合作。

- 改变流速：缓慢、匀速地倒入并借助引流棒，可减少部分气泡。
- 检查材料：使用过期的或存放不当的树脂都是导致大量气泡产生的原因。
- 更换材料：不同品牌的树脂，使用方法也不尽相同，添加了更多物质的材料往往会有一些优点，如反应时间延长、无需搅拌等，不过作者个人会首选无毒、无味的环保材料，即使这种材料在一些方面表现得并非特别出色。
- 改变模具构造，再次设计流道会消耗更多的原料。

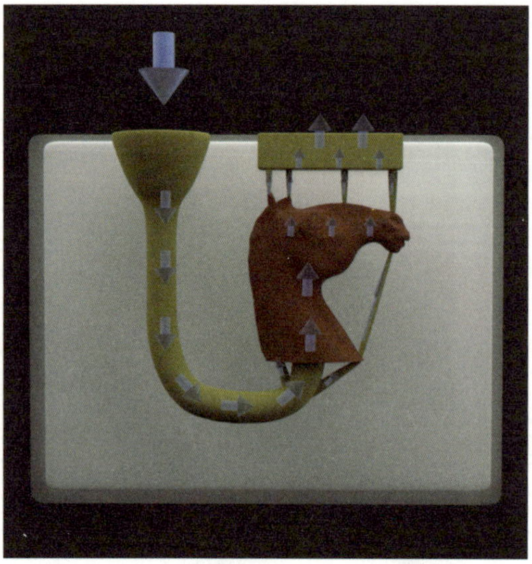

这是一种较为理想化的流道布局，置于侧面的注料流道可以将液体树脂引入底部，再缓慢地进入主体空间，可以减少部分由于撞击而产生的气泡。在凸出部分形成了相对密闭的狭小空间，这使得产生的气体淤堵于此，从而形成气泡坑。增加排气流道可以使此问题得到解决。关于流道的布置，不妨参考一些拼装模型的板件设计。

合理的流道设计通常需要耗费更多的原料和时间，在应对体积较大且复制次数少的原型时，没有必要以此代价来追求一套完美的模具。

前面提到的一件由不合理的模具复制出的失败样品：

- 它本是较为复杂的形状，却没有拆分零件，因此不得不删去一些必要的流道。其扭动的头部高于其他部分，必须消耗更多的硅胶原料才可全部覆盖。
- 由于使用了存放不当的树脂（受潮且过期），表面产生了很多密集气泡坑。
- 红色区域没有增加排气口，产生了大型气泡坑，造成细节缺失；但绿色区域由于增加了排气口，使得耳部被完整保留下来。

- 使用小型真空机。借助真空负压，将液态材料中产生的气泡排出。通常作者只制作一件复制完成品，所以并不经常使用真空泵，仅在处理极细小零件时会借助真空消泡。在此，作者仅凭借自己的使用经验，提供三条注意点以供参考：

  ①消泡桶要与真空泵匹配，当抽气速率一定时，消泡桶容积越大，达

到相同真空度所需的时间越长，消泡效果越不显著。
②做好反复试验的准备，不同品牌的树脂和真空机在使用时会有差别。
③参考一些工业流程会有所启发，但需要注意的是，这种消泡方法通常伴随着振动和噪声。如果使用了带有刺激性气味的树脂，也是令人烦厌的，须慎重选择。上图为作者使用过的微型真空消泡设备，主要由真空消泡桶、无油真空抽气泵、防震压力表构成。

在追求更加便捷的桌面化制作的同时，又不得不与气泡“周旋”，但是我相信这种情况会在不断试验中逐步改善。

5 对于如何对待作品，作为一个曲折前行的自学者，请允许我在此记录下些许个人理解

首先，对待他人的作品时，每件用心的作品都值得欣赏。当我们把一件事作为爱好时，就会自然而然地接触到其他同好。而当作品以直观的形式展现在我们面前时，每位作者的表现风格及观察角度的不同造就了多样化的视觉效果。一味地批判或是一味地模仿只会令我们变得狭隘专横或丧失自我。

其次，不鼓励那些完全销毁自己过去作品的做法。随着时间的推进，个人风格和表现偏好都会有所改变，再次查看过去的作品难免会发现一些地方不够理想。请不要急于销毁那些“失败品”，这些“早期”作品承载着过去，见证了某些方面的进步，但有时也记录着某些方面的退步，它们的存在也时常提醒自己不要在急功近利中丧失那份最初的热爱。

一些制作于2014—2016年的“早期”作品

习作集 5

这是我在 2017—2020 年
制作的动物题材手工品习作集。
主体部分的最终材料均为树脂。

全高约 18cm

全高约 18cm

全高约 17cm

全高约 18cm

全高约 15cm

全高约 16cm

全高约 17cm

全高约 19cm

全高约 16cm

全高约 18cm

全高约 16cm

全高约 22cm

全高约 15cm

全高约 22cm

全高约 15cm

全高约 15cm

全高约 10cm

全高约 21cm

全高约 7cm

全高约 8cm

全高约 9cm

全高约 18cm

全高约 8cm

全高约 7cm

全高约 43cm

全高约 14cm

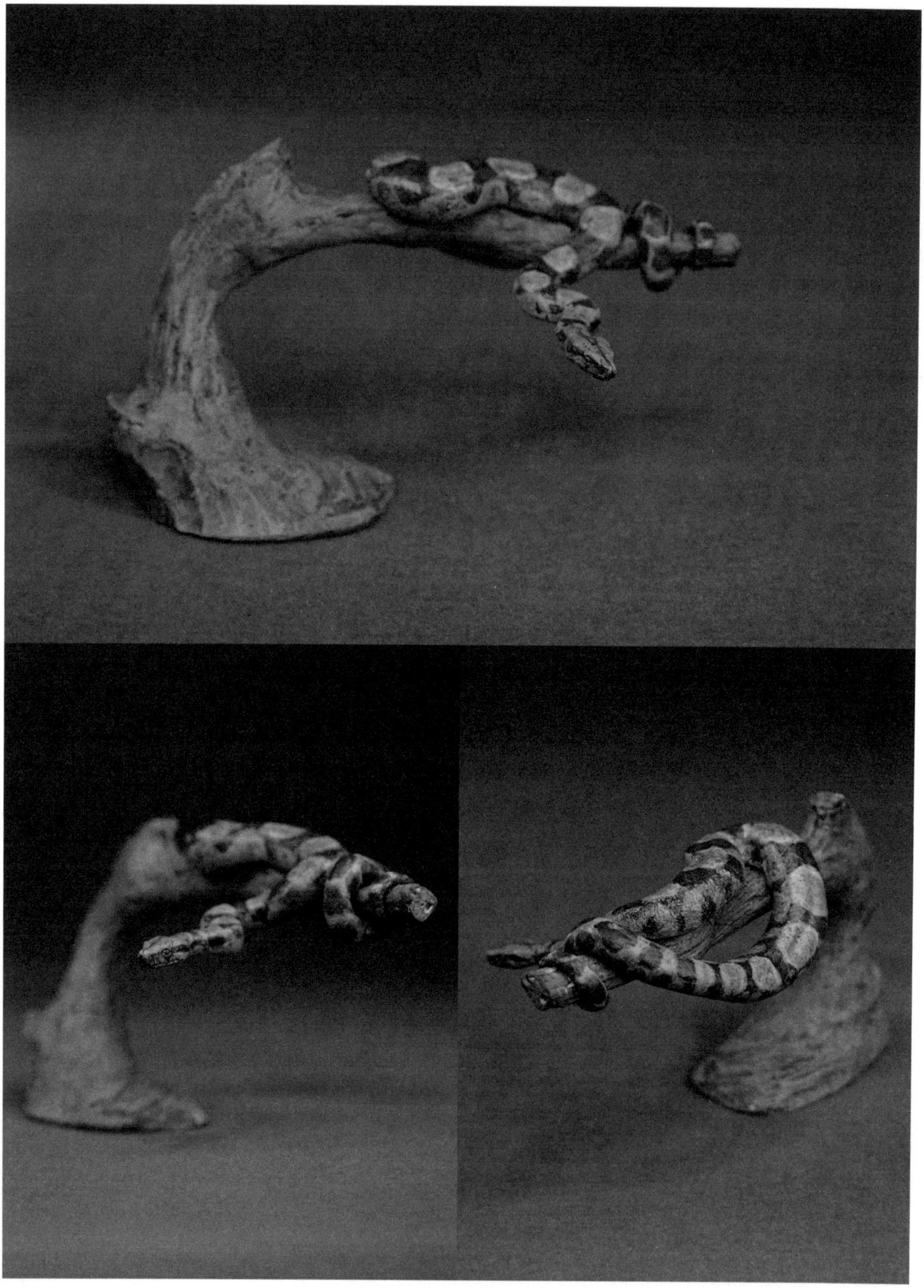

全高约 8cm

全高约 19cm

全高约 7cm

全高约 12cm

全高约 10cm

全高约 11cm

（上）全高约 14cm
（下）全高约 5cm

（上）全高约 7cm
（中）全高约 4cm
（下）全高约 4cm

（上）全高约 7cm
（中）全高约 3cm
（下）全高约 5cm

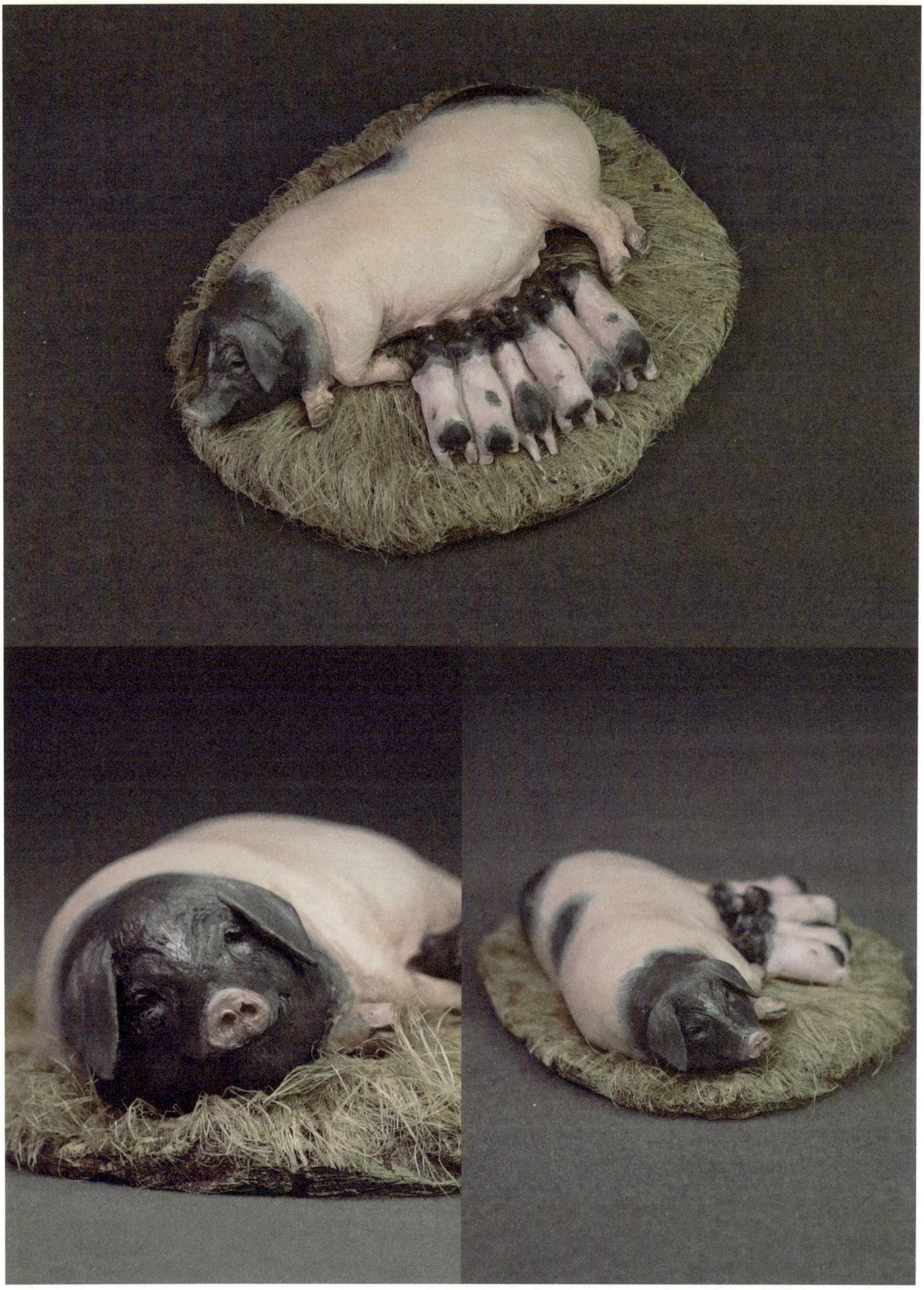

全高约 3cm

全高约 6cm

全高约 10cm

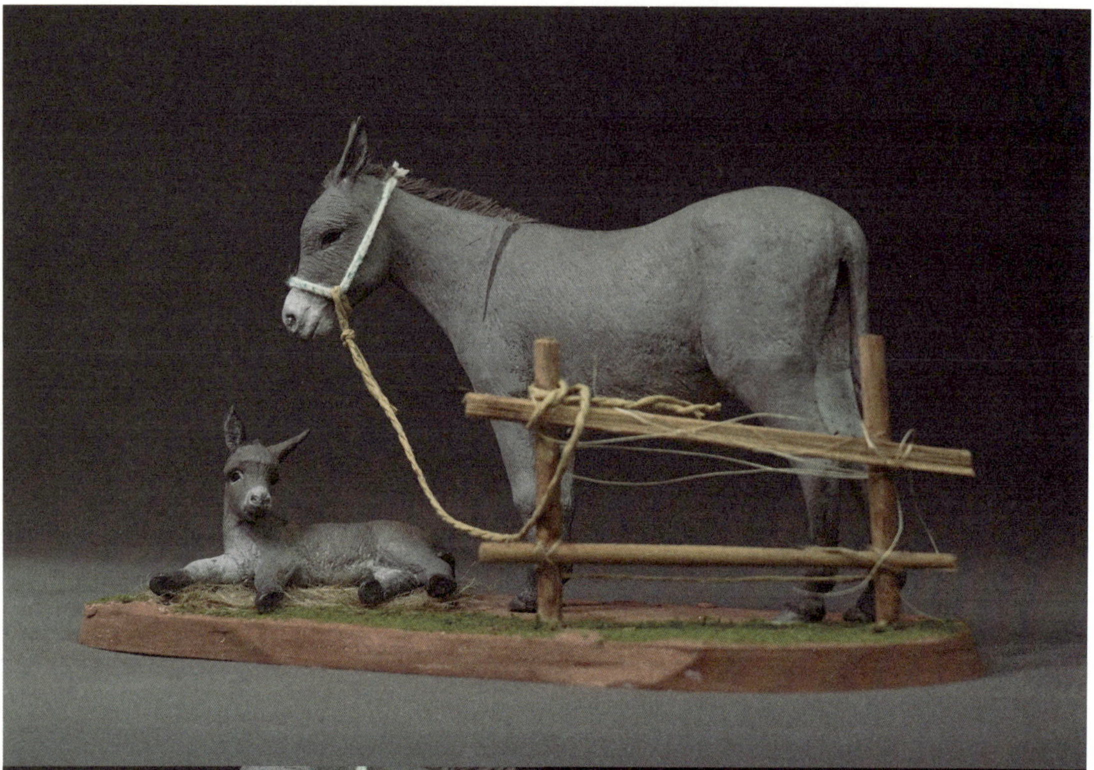

全高约 14cm

全高约 12cm

全高约 16cm

全高约 20cm

全高约 18cm

全高约 25cm

全高约 20cm

全高约 18cm